DENK NEU

21 1/2 PRAGMATISCHE IMPULSE, WIE UNTERNEHMEN AUF KURS BLEIBEN

BusinessVillage

Thomas Pütter, Ines Eulzer
Denk neu
21 ½ pragmatische Impulse wie Unternehmen auf Kurs bleiben
1. Auflage 2017
© BusinessVillage GmbH, Göttingen

Bestellnummern
ISBN 978-3-86980-371-5 (Druckausgabe)
ISBN 978-3-86980-372-2 (E-Book, PDF)

Direktbezug www.BusinessVillage.de/bl/1011

Bezugs– und Verlagsanschrift
BusinessVillage GmbH
Reinhäuser Landstraße 22
37083 Göttingen
Telefon: +49 (0)5 51 20 99-1 00
Fax: +49 (0)5 51 20 99-1 05
E–Mail: info@businessvillage.de
Web: www.businessvillage.de

Layout und Satz
Sabine Kempke

Illustrationselemente im Buch und auf dem Umschlag
Mauerwerk: Peshkova, www.istockphoto.com/de
Nägel: Gaby Stein, www.pixelio.de

Autorenfotos
Habib Hakimi, Atelier für Fotografie und Design, Trier

Druck und Bindung
www.booksfactory.de

INHALT

ÜBER DIE AUTOREN

Ines Eulzer gilt als Visionärin und Impulsgeberin. Sie ist Beraterin für Organisationsentwicklung und Change Management, Systemischer Business Coach und Trainer und begleitet Unternehmen erfolgreich in ihrer Entwicklung zum attraktiven Arbeitgeber und einer zukunftsfähigen Unternehmenskultur. Leidenschaftlich weckt sie Bewusstsein und Werte bei Mitarbeitern und Teams, integriert diese in Unternehmensstrukturen und stiftet zu emotional-intelligenter Führung an. Unternehmen, die mit ihr zusammen arbeiten, wurden vielfach mit Wirtschaftspreisen ausgezeichnet.

Thomas Pütter ist anzündender Keynote Speaker und erfolgreicher Unternehmer. Mit seinem außergewöhnlichen Mix aus Kreativität, Spirit und pragmatischer Denke rüttelt er auf, Unternehmensführung neu zu gestalten. Er gilt als Experte für Mitarbeiterbegeisterung und inspirierendes Führen. Über zwanzig Jahre entwickelte er als Geschäftsführer ein mittelständisches Unternehmen zu einem Leuchtturm der Branche und erhielt für seine HR-Konzepte zahlreiche Prämierungen und Auszeichnungen.

Kontakt
E-Mail: info@eulzer-und-puetter.de
Web: www.eulzer-und-puetter.rocks

SPECIAL THANKS TO

Thomas Grün, ein brillanter Stratege und Mentor. Ohne ihn wäre dieses Buch nie möglich gewesen.

Danah Zohar, die das Thema »Spirituelle Intelligenz« für die Wirtschaftswelt verständlich und anwendbar gemacht hat.

Dr. Holger Sobanski, ein genialer Coach in Sachen Agilität und Change Management. Absolut bereichernd.

Dr. Jan Glockauer, der zu unseren like-minded-people gehört und unsere Mission von Anfang an unterstützt hat.

Thomas Rössle, der beste Trainer und Trainer-Ausbilder. Bei ihm hat Thomas Pütter (Pü) das Zeichnen gelernt.

Simone Firlej, sensationell authentisch und menschlich großartig. Sie hat uns ganz neue Perspektiven eröffnet.

Rolf Bärwinkel, der uns die großen Zusammenhänge und Naturgesetze näher gebracht hat. Er gab uns Antworten auf Fragen, die wir vorher gar nicht hatten.

FINDEN SIE DAS 18. KAMEL

Ein Wesir hatte drei Söhne. Als er starb vermachte er ihnen seinen wertvollsten Besitz: Siebzehn Kamele. In seinem Testament verfügte er, wie sie aufgeteilt werden sollten: Der älteste Sohn solle die Hälfte, der zweitälteste ein Drittel und der Jüngste ein Neuntel der Kamele erhalten. Doch so sehr sie sich auch den Kopf zerbrachen, sie konnten die Aufgabe nicht lösen. Und so fragten sie die Mathematiker des Landes, doch auch diese verzweifelten. Schließlich bat der älteste Sohn einen weisen, alten Mann um Hilfe. Der Weise kam schon bald auf seinem Kamel angeritten und sprach: »Ich gebe euch mein Kamel, dann habt ihr achtzehn.« *Die drei Brüder schauten sich an und verstanden nicht. Der alte Mann fuhr fort:* »Nun bekommt der Älteste von euch neun, der Zweitälteste sechs und der Jüngste zwei Kamele.« *Eines blieb übrig: Und so ritt er fort auf seinem Kamel.* (Segal 1988)

Ist das nicht ganz oft so im Leben? Man sieht den Wald vor lauter Bäumen nicht, man hat Scheuklappen vor den Augen und eigentlich liegt die Lösung ganz nah. Manchmal hilft es, sich die Zeit zu nehmen, die ganze Sache mit etwas Abstand zu betrachten. Für einen Blick aus der Metaebene sozusagen. Und manchmal braucht man einen ganz neuen Gedanken, eine neue Perspektive. Mit diesem Buch laden wir Sie ein:

Suchen und Finden Sie das achtzehnte Kamel für Ihr Unternehmen!

Finden Sie den einen Impuls oder die eine Methode, deren Anwendung auch in Ihrem Unternehmen sehr viel bewirken würde. Finden Sie die Maßnahme, welche die größte positive Wirkung entfalten kann. Oder gewinnen Sie für sich das nötige Selbstvertrauen, den Mut, den es immer braucht, wenn man neue Wege geht. Manchmal hilft es ja schon, wenn man erkennt, dass es anderen Unternehmern gerade ganz ähnlich geht wie einem selbst. Und manchmal braucht es nur einen Anstupser, um ein vielleicht schon zu lange aufgeschobenes Problem nun endlich anzugehen.

1.

BIST DU BEREIT, NEU ZU DENKEN? 21 1/2 WEGE FÜR ECHTE IMPULSGEBER

Die Herausforderung für Unternehmer und Führungskräfte liegt in den nächsten Jahren darin, die bestehenden Strukturen, Denk- und Arbeitsweisen im Unternehmen zu transformieren. Der vorherrschende hierarchisch-steuernde Führungsstil hat vielerorts ausgedient: Mit der Generation Y zog die selbstbewusste Forderung nach persönlicher Weiterentwicklung und Work-Life-Balance in Unternehmen ein, für die Generation Z sind Community-Kultur und Transparenz in allen Unternehmensprozessen elementar. Die Anforderungen an Innovationsfähigkeit, Flexibilität und Führungsfähigkeiten steigen rasant. Agilität wird immer wichtiger, um die Dynamik und Intensität der Veränderungen zu bewältigen. Was wir also brauchen, ist ein ganz neues Verständnis von Unternehmenskultur. Die Führungskräfte der Zukunft sollten eine Unternehmenskultur erzeugen, die Mitarbeiter inspiriert und motiviert, ihr Bestes zu geben. Die es Mitarbeitern ermöglicht, ihre Stärken und Talente auszuleben. Die tatsächlich fordert und fördert und dadurch bei Mitarbeitern Wachstum und Entwicklung entfacht.

Führungskultur sollte zukünftig auf Motivation durch Selbstbestimmung und Wertschätzung setzen. Sie muss eine flexible und selbst organisierte Arbeitsgestaltung ermöglichen und Mitarbeitern Freiräume zur Entwicklung geben. Der Auftrag ist also, eine Unternehmenskultur zu erzeugen, die sinnerfüllt, wirkungsvoll und begeisternd ist!

Also dann, mal Butter bei die Fische! Denn die Frage des Augenblicks ist:

Manchmal ist die größte Gefahr für das Unternehmen nämlich der Unternehmer selbst. Zum Beispiel dann, wenn der Werte- und Bewusstseinswandel zwar erkannt, aber die Strukturen oder historisch gewachsene Machtansprüche, die den Wandel blockieren, nicht verändert werden. Oder wenn Unternehmensvision, Mission und Ziele nicht sauber geklärt und kommuniziert sind. Wenn es weder eine klare Strategie, noch Strukturen gibt, die Kooperation im Führungskräfte- und Mitarbeiterteam und einen kontinuierlichen Verbesserungsprozess sicherstellen.

Wenn wir auf Vorträgen und in Beratungen davon sprechen, dass Menschen und Unternehmen vor allem durch die richtigen Impulse geführt und geprägt werden, dann werden wir gerne missverstanden: Denn bei Impulsen denkt so mancher eher an Strohfeuer und Einmaleffekte. Fast nie wird an das Gestalten von Organisationen und Prägen erwünschter, zukunftsfähiger Arbeitskulturen gedacht. Ein Impuls wird gerne als minderwertig betrachtet und gilt als typisch für Praktiker, die sich irgendwie durchwursteln. Besonders nach akademischer Lehrmeinung hat der Impuls keine große Bedeutung. Was zählt ist das Konzept, die Strategie, das Businessmodell. So denken viele und scheitern.

Unserer Erfahrung nach wird gerade in den oberen Unternehmensetagen zu viel in Konzepten gedacht. Der Blick auf die Umsetzung und tatsächlichen Wirkungshebel von Führung kommt zu kurz. Eine weitere weit verbreitete Annahme ist der ungezügelte Glaube an das Neue. Nur neue Konzepte, neue Produkte, neue Organisationsformen bringen Firmen voran, so die Denke, doch im Umgang mit Menschen kommt es auf den Neuigkeitswert von Methoden gerade nicht an. Es kommt auf die Wirkung an, auf den Erkenntnis-Effekt und so mancher Klassiker der Managementlehre ist gerade deshalb ein Klassiker, weil er sehr erleuchtend wirken kann, auch in neuen Zeiten. Manchmal kommt es nur darauf an, im richtigen Moment das passende Tool zu benutzen, Praktiker wissen das, Berater hören das meist nicht so gerne.

Lassen Sie sich 21½ mal inspirieren, Ihr 18. Kamel zu finden!

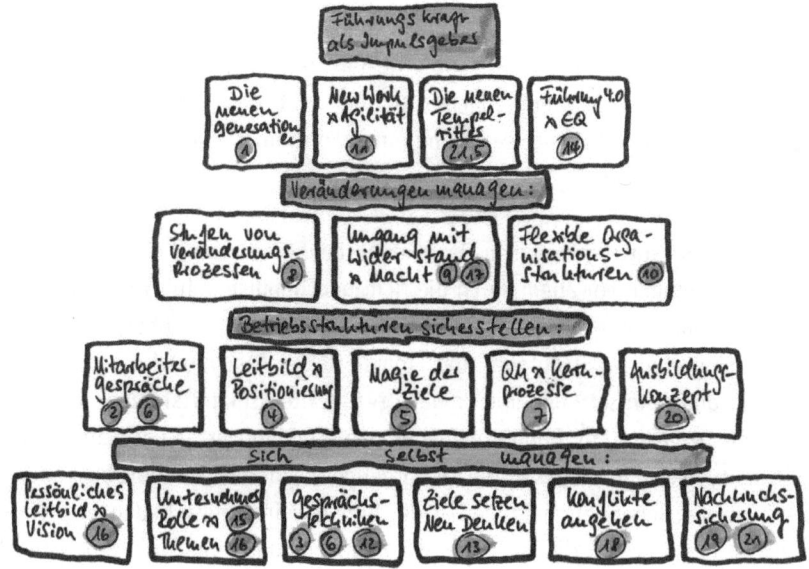

Die Verantwortung dafür, Ihr Unternehmen auf Erfolgskurs zu halten, liegt laut einem Grundsatz der systemischen Lehre ziemlich eindeutig bei Ihnen:

»Jeder Unternehmer hat das Recht, sein Unternehmen zum Erfolg zu führen oder an die Wand zu fahren.«

Unser Anliegen ist bei allen, die sich verantwortlich fühlen, dass Bewusstsein zu wecken, dass sich nur mit lenkenden und kontinuierlichen Führungsimpulsen positive Entwicklungen erreichen und Veränderungsprozesse erfolgreich gestalten lassen.

Alle Methoden und Vorgehensweisen, die Sie in diesem Buch finden, sind anwendbar und werden täglich in Unternehmen von uns umgesetzt. Sie sind unser Raster für Neues Denken im Unternehmensalltag. Impulse, die wir als Handwerkszeug einer Führungskraft betrachten, sind mit dem Button »Führungskräfte-Toolbox« gekennzeichnet.

 Diese Arbeitsblätter und Leitfäden finden Sie als Download auf: *www.eulzer-und-puetter.rocks*

2.

UNTERNEHMENS-KULTUR UND SINN - DIE NEUE BASIS

Immer mehr Menschen fühlen sich frustriert mit dem was sie täglich tun oder darüber, wie es in ihren Organisationen läuft. In manchen Unternehmen haben Bürokratismus und Nine-to-Five-Mentalität die Macht übernommen, in manchen führen Abteilungsdenke und Egospiele dazu, dass die Motivation flöten geht. Lebendigkeit und Freude am Arbeitsplatz sind selten geworden, stattdessen stellt man sich immer öfter die Frage nach dem Sinn.

Und dann gibt es Unternehmer, die auch gern eine Unternehmenskultur hätten, die sinnerfüllter und lebendiger ist. Mit Mitarbeitern, die sich engagieren und ihr Potenzial voll einbringen. Die eigene Ideen entwickeln und ihre Projekte vorantreiben. Beide Seiten haben das gleiche Bedürfnis, wissen aber nicht, wo man nun ansetzen könnte. Und genau darum geht es in den ersten sieben Kapiteln: Entdecken Sie Impulse, die großen Einfluss auf die Unternehmenskultur haben und diese prägen. Impulse, die Ihrem Unternehmen Spirit einhauchen und Ihre Mitarbeiter in eine produktive Energie bringen. Die begeistern und Ehrgeiz wecken. Und vor allem: Die auch die Mitarbeiter der neuen Generationen anzünden!

»In Zukunft wird es immer mehr Bewerber geben, die sich nicht mehr für eine Marke entscheiden, sondern für eine Unternehmenskultur.«

Dr. Holger Sobanski

IMPULS 1: ENDLICH SINN UND WERTE FÜR DIE NEUEN GENERATIONEN

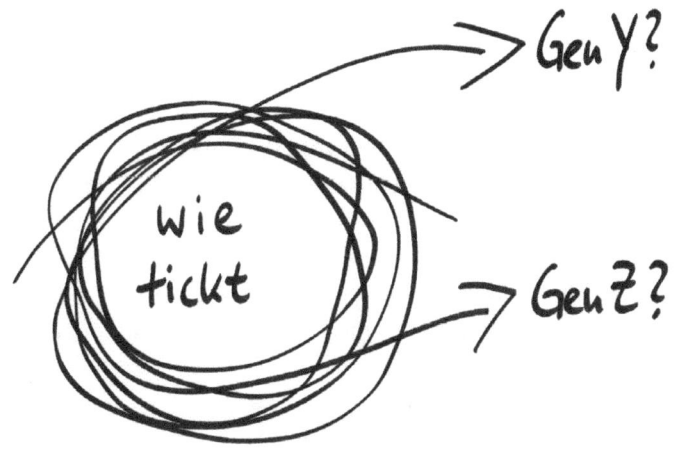

> »Die heutige Jugend ist von Grund auf verdorben. Sie ist böse, gottlos und faul.
> Sie wird niemals so sein wie die Jugend vorher und es wird ihr niemals gelingen
> unsere Werte zu erhalten.«
>
> Inschrift einer babylonischen Tontafel,
> die auf ein Alter von 3.000 Jahren geschätzt wird

Ist das nicht beruhigend? Es ist also ganz normal sich ab Mitte 40 zu fragen, ob die neue Generation jemals in unsere Fußstapfen treten kann! Ja, manchmal hat man tatsächlich seine Zweifel. Ein sicheres Fettnäpfchen ist auf jeden Fall seine eigene Belastbarkeit im Teenageralter mit der Belastbarkeit heutiger Teenies zu vergleichen. Das geht mit hoher Wahrscheinlichkeit schief. Bleiben wir also bei den Fakten: Im Jahr 2020 werden 50 Prozent unserer Mitarbeiter der Generation Y angehören. Gut, wir kommen also nicht drum herum. Wir müssen uns die Zeit nehmen zu wissen, wie unsere zukünftigen Mitarbeiter und Auszubildenden ticken. Wir sollten uns damit auseinandersetzen, was ihnen wichtig ist, was sie begeistern kann und welche

Arbeitsbedingungen sie brauchen, um Freude an ihrer Arbeit zu haben und produktiv zu sein.

Angenommen, wir würden die Energie, die wir im Moment dafür verwenden, uns über die Andersartigkeit jüngerer Mitarbeiter aufzuregen, investieren, um unsere Strukturen und Konzepte umzustellen, was wäre dadurch möglich?

Welcome: Werte- und Bewusstseinswandel

Dass die Generation Y (geboren 1980 bis 1995), die ja nun schon etwas länger die Arbeitskulturen in Unternehmen aufwirbelt, andere Bedürfnisse und Erwartungen an Arbeit hat, ist inzwischen flächendeckend durchgesickert. Prima, denn vor unserer Tür stehen ja praktisch schon die nächsten Andersdenker: Die Generation Z (geboren 1995 bis 2010) oder treffender gesagt die NET-Generation – Cheers!

Was will GEN Y denn nun wirklich?

Das Gute an Menschen aus der GEN Y ist, dass sie durchaus bereit sind, sich voll und ganz einzubringen. Sie möchten sehr wohl auch Karriere machen, können Biss haben und für etwas kämpfen. Es muss halt ihren Interessen, Talenten und Stärken entsprechen. Arbeit muss für sie gefühlt Sinn ergeben, persönliche Werte müssen im Arbeitsalltag erlebbar sein.

Sie sind nicht – so wie noch die Generationen davor – bereit, Dinge einfach hinzunehmen. Sie hinterfragen genau, sie klären Arbeitsaufträge für sich, sie kommunizieren offen, was sie stört. Der bedingungslose Gehorsam, der es jahrelang ermöglicht hat, neue Mitarbeiter einfach mitlaufen zu lassen, ist damit überholt. Es funktioniert nur noch der wesentlich zeitintensivere kooperative Führungsstil, der von manchen Unternehmern und Führungskräften zu allererst mal gelernt werden muss! Wenn man es aber schafft, diese Arbeitnehmer in Entscheidungsprozesse einzubinden, übernehmen sie durchaus Verantwortung und sind bereit, Überstunden oder Mehrarbeit zu leisten.

Kurz gesagt: Führung wird akzeptiert, muss aber den Arbeitnehmer in seiner Entwicklung voranbringen. GEN Y entscheidet zunehmend selbst, ob sie einer Person das Recht einräumt, sie zu führen oder nicht. Zukünftige Arbeitnehmer passen sich nicht mehr automatisch an den Führungsstil der Führungskraft an oder arrangieren sich damit irgendwie. Es ist genau anders herum: Die Führungskraft geht auf die emotionalen Erwartungen des Arbeitnehmers ein und fördert diesen entsprechend seiner individuellen Motive und Werte.

Starre Systeme geraten dadurch schnell an ihre Grenzen, denn GEN Y fragt nach dem Sinn. Durchaus auch bei bisher unantastbaren Themen wie Führungsentscheidungen oder Unternehmenszielen. Das englische Y ist ein Homonym zu Why? Das kommt nicht von ungefähr: Why?, also die Frage nach dem Warum ist für sie die alles entscheidende!

Warum muss ich bis 18 Uhr im Büro bleiben, wenn nichts mehr zu tun ist? Warum traut sich kein Kollege, mehr als zwei Monate in Elternzeit zu gehen? Warum darf ich tagsüber keine privaten E-Mails schreiben, wenn ich doch am Samstag auch die beruflichen beantworten soll?

Die Arbeitskultur und vor allem in Stein gemeißelte, historisch gewachsene Strukturen werden hinterfragt. Selbstbewusst wird ab jetzt Leistung mit Lebensgenuss verbunden, Arbeit soll Spaß machen und Leichtigkeit ist erlaubt. Auch die Karriereprioritäten haben sich geändert: Nur 13 Prozent der heute 20- bis 34-Jährigen streben eine Führungsposition an. Wichtiger ist ihnen die Zusammenarbeit im Team oder einen positiven Beitrag zum Ganzen zu leisten.

Keyfacts Bedürfnisse GEN Y

- Arbeit muss gefühlt Sinn ergeben, also den persönlichen Werten und Interessen entsprechen
- Arbeit soll so selbstbestimmt wie möglich sein
- Arbeit muss ins Leben integriert werden, Life-Work-Balance wird zu Life-Balance
- Gehorsam ist überholt, es funktioniert nur noch der kooperative Führungsstil
- Elementar: Permanentes Feedback und eine partnerschaftliche Zusammenarbeit

Fällt Ihnen etwas auf? Nicht? Dann schauen Sie noch einmal hin: Die Bedürfnisse der Generation Y zeigen wichtige Elemente auf, wie eine moderne Unternehmenskultur aussehen sollte, wenn man Spitzenkräfte haben und echte Höchstleistungen für das Unternehmen bekommen möchte.

Das Problem sind im Kern nicht die jungen Mitarbeiter. Sie haben ihre Vorstellungen und Erwartungen und werden diese einfordern. Die Herausforderung liegt eher darin, dass Unternehmen etwas machen müssen, was sie höchst ungern tun: Sie müssen Neuland betreten und sich wirklich mit ihrer Unternehmenskultur beschäftigen.

Karriereaussichten und finanzielle Anreize sind die Antreiber der Vergangenheit. Wer morgen vorne mitspielen will, braucht einen Führungskader, der aus Menschen besteht, mit denen man gerne zusammenarbeiten möchte und der Werte ernst nimmt. Die Herausforderungen sind:

- Unternehmen müssen Werte und Sinn bieten sowie eine flexible Arbeitsorganisation anbieten können (siehe Impulse 4, 5, 10 und 11).

- Führende sollten fähig sein, professionell Feedback zu geben und Kritik anzunehmen. Nicht Durchsetzungsstärke sondern emotionale Intelligenz formt Teams und macht sie stark (siehe Impulse 3, 6, 13 und 14).
- Führungskräfte werden zum Coach, die ihre Mitarbeiter individuell und ihren Motiven entsprechend fördern und auch deren Life-Balance beachten (siehe Impulse 2, 12 bis 14 und 18).

Und wie genau tickt GEN Z?

Welcome digital Natives! Ab dem Kleinkindalter mit Smartphone oder Tablet-PC aufgewachsen und digital sozialisiert lebt die Net-Generation eine ganz neue Form der Zusammenarbeit, die Community-Kultur. Das heißt: Absolut selbstbestimmt, mit flachen und natürlichen Hierarchien. Und das führt zu einer neuen Art von Arbeitskultur, es zählen ganz andere Werte als bisher:

- Autorität hat, wer mit Argumenten und Expertise überzeugt
- Anführer residieren nicht, sondern dienen der Gemeinschaft
- Ideen werden uneigennützig eingebracht und kooperativ weiterentwickelt
- Aufgaben werden gewählt, nicht verteilt
- Die globale Perspektive zählt bei jeder wichtigen Entscheidung

Die neue Arbeitskultur: Gemeinschaft zählt!

Die Net-Generation ist durch Social Media geprägt und damit aufgewachsen, alle Informationen und Ressourcen miteinander zu teilen. Die gleichberechtigte Zusammenarbeit hat einen hohen Stellenwert. Die Zeiten, als eine Idee nur weil sie vom Chef kam abgenickt und ganz selbstverständlich mit deren Umsetzung begonnen wurde, sind vorbei. Es zählt der Nutzen der Idee und nicht wer sie hatte.

Die Generation Z hat eine andere Haltung. Ihre Mitglieder haben durch ihre Eltern miterlebt, dass Karrierechancen relativ sind und auch schon mal im Burn-out enden können. An einem hohen Besitz und Einkommen sind die jungen Erwachsenen weniger interessiert: Warum ein Auto kaufen, wenn man

Car-Sharing machen kann? Warum zehn Stunden fliegen, wenn man auch an der deutschen Küste Urlaub machen kann?

Hoher Verwöhnungsfaktor: Helikopter-Eltern

Die größte Herausforderung besteht für Unternehmen allerdings beim Thema Verantwortung. Denn wie jede Generation ist auch diese am meisten durch ihre Eltern geprägt. In diesem Fall handelt es sich allerdings um Super-Eltern, die sogenannten Helikopter-Eltern, die wie ein Hubschrauber permanent um ihre Kinder schwirren, um sie zu umsorgen.

Von außen betrachtet führen sie ein perfektes Familienleben und Eltern-Dasein. Sie besuchen jedes Reitturnier der Tochter und jedes Fußballspiel des Sohnes, kennen alle Freunde ihrer Kinder mit Vor- und Zunamen, sowie deren Eltern und Berufe. In der Psychologie nennt man so etwas je nach Ausprägung auch schon mal zwanghafte oder paranoide Überbehütung.

Damit beschreiten diese Eltern permanent den schmalen Grat zwischen Überlastung der Kinder durch Frühförderung und totaler Entlastung durch Verwöhnen – um dem Nachwuchs möglichst viele Wünsche zu ermöglichen, die dieser im Zweifel gar nicht hatte! Diese Curling-Eltern wie Ben Hougaard sie nennt, räumen wie beim Curling alle erdenklichen Hindernisse und Reibungsmöglichkeiten im Vorfeld an die Seite.

Deshalb hat diese Generation weniger als andere gelernt, Widerstände und Konflikte eigenständig zu überwinden. Dies führt zu zunehmender Unselbstständigkeit und Kritikunfähigkeit, die wegen dem ausgeprägten Eltern-Verwöhnungsfaktor mit hohen Ansprüchen gepaart ist. Jetzt kommt diese Generation als Azubis in unsere Unternehmen und soll Verantwortung übernehmen – im ersten Schritt mal für sich selbst. Gäbe es an dieser Stelle im

Buch einen Dislike-Button, würden wir diesen als Unternehmer, Ausbilder oder Führungskräfte jetzt wohl gerne drücken. Das geht aber nicht, denn mit GEN Z ist es wie bei Facebook: Man kann nur liken.

Der Zaubertrank: Anleiten und Bestätigen

Um die Generation zu erreichen, muss man auf sie eingehen. Bestätigung ist angesagt, anstatt Kritik. Es besteht ein großes Bedürfnis nach systematischer, klarer Anleitung und regelmäßigem Feedback. Die Jugendlichen suchen nach Orientierung. Feste Strukturen wie zum Beispiel klare Ansprechpartner und Zuständigkeiten, feste Arbeitszeiten und überschaubare Aufgaben helfen. Gleichzeitig besteht unbewusst die Erwartung nach uneingeschränkter Transparenz. Denn eins haben sie in der YouTube-Community bereits jahrelang gelebt: Jeder teilt sein Wissen und gibt seine Ideen direkt weiter, alles wird offen gelegt. Eigentlich logisch, dass diese neue Generation irritiert ist, wenn sie in Unternehmen auf Abteilungsleiter oder langjährige Mitarbeiter trifft, die ihr Know-how mit einer Festungsmauer verbarrikadiert haben. Die also nur preisgeben, was notwendig ist und ihr jahrelang angehäuftes Herrschaftswissen verteidigen.

Spaß, Lebenslust und Individualismus stehen für Arbeitnehmer aus der GEN Z klar im Vordergrund, die Vereinbarung von Beruf und Privatleben ist ihnen sehr wichtig. Der Job ist für sie Mittel zum Zweck und nicht Selbsterfüllung.

Die fünf goldenen Regeln im Umgang mit GEN Z?

Erfahrungsgemäß ist an dieser Stelle der Wunsch nach den fünf goldenen Regeln recht groß. Doch leider gibt's die nicht. Wenn es um neues Denken für neue Herausforderungen geht, ist es eher hilfreich mal Off-road zu fahren. Diese neue Richtung könnte die Änderung unserer Glaubenssätze sein. Denn durch unbewusste Glaubenssätze stehen wir uns oft selbst im Weg und die Lösung bleibt leider verdeckt! Hier ein kurioses Beispiel, welches das Phänomen der unbewussten, eigenen Glaubenssätze sehr gut verdeutlicht:

Ein Mann fragt seine Frau an jedem Erntedankfest, weshalb sie den Truthahn mit abgeschnittenen Beinen brate, weshalb sie ihn nicht wie alle anderen serviere, als ganzen Truthahn. Seine Frau antwortete dann immer abwehrend: »Meine Mutter hat mir beigebracht, es so zu machen.«

Das stellte ihren Mann aber nicht zufrieden. Eines Jahres beschloss er, der Sache auf den Grund zu gehen: »Lass uns doch deine Mutter fragen!« Also riefen sie bei ihrer Mutter an und sie bestätigte: »Ja, das stimmt – wir schneiden dem Truthahn immer die Beine ab, bevor wir ihn braten.« Als ihr Schwiegersohn sich nach dem Grund erkundigte, sagte sie: »So hat meine Mutter es mir beigebracht, und sie war eine ausgezeichnete Köchin.«

Der Mann wollte die Sache jetzt ein für alle Mal klären, und rief die 83-jährige Großmutter seiner Frau an. Und die sagte:

»Oh ja – in meiner Jugend haben wir dem Truthahn immer die Beine abgeschnitten, bevor wir ihn in den Ofen geschoben haben, weil die Herde damals einfach nicht groß genug waren!«

Wir würden wahrscheinlich staunen, wenn wir wüssten, wie viele Prozesse, Verfahrensweisen und Regeln in unserem Unternehmen beziehungsweise in unserem eigenen Leben auf Glaubenssätzen und Umständen beruhen, die längst keinen Sinn mehr machen. Und dazu gehört auch der oft unbewusste, aber leider noch häufig praktizierte Glaubenssatz: »Die müssen sich an mein Unternehmen anpassen!« Fakt ist, dass die Bedürfnisse der Generationen in unseren Mitarbeiterteams unterschiedlich, ja teilweise sogar gegensätzlich sind. Und dadurch kann ich als Führungskraft nicht mehr nach dem Gießkannenprinzip vorgehen: Die gleiche Soße an Führungsprinzipien und Führungsstil über allen auskippen und dann erwarten, dass alle wachsen. Unsere Mitarbeiterteams sind, was ihre Bedürfnisse und damit ihre Motivatoren und Antreiber betrifft, in Zukunft heterogen. Eine Führungskraft muss also individuell auf jeden Mitarbeiter eingehen, um sein Potenzial zu wecken.

Das Dilemma der aufeinander prallenden Lebensentwürfe wird noch mal deutlicher, wenn man sich die vier aktuell arbeitenden Generationen in den wesentlichen Punkten anschaut:

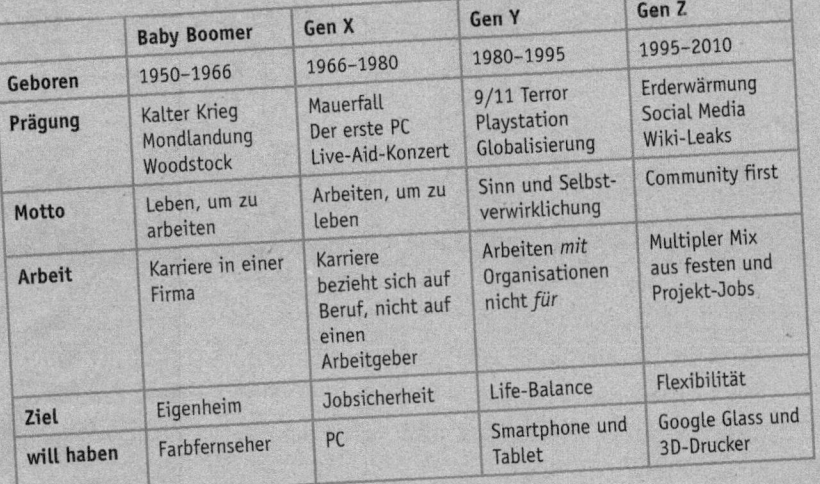

	Baby Boomer	Gen X	Gen Y	Gen Z
Geboren	1950–1966	1966–1980	1980–1995	1995–2010
Prägung	Kalter Krieg Mondlandung Woodstock	Mauerfall Der erste PC Live-Aid-Konzert	9/11 Terror Playstation Globalisierung	Erderwärmung Social Media Wiki-Leaks
Motto	Leben, um zu arbeiten	Arbeiten, um zu leben	Sinn und Selbstverwirklichung	Community first
Arbeit	Karriere in einer Firma	Karriere bezieht sich auf Beruf, nicht auf einen Arbeitgeber	Arbeiten *mit* Organisationen nicht *für*	Multipler Mix aus festen und Projekt-Jobs
Ziel	Eigenheim	Jobsicherheit	Life-Balance	Flexibilität
will haben	Farbfernseher	PC	Smartphone und Tablet	Google Glass und 3D-Drucker

Quelle: INTERNET WORLD Business 22/14, Futurebiz

Und wenn wir uns jetzt noch bewusst machen, wie viel Prozent die jeweilige Generation auf dem deutschen Arbeitsmarkt im Jahre 2020 stellen wird, wird auch der letzten Führungskraft klar, dass wir hier mit Aussitzen nicht weiterkommen:

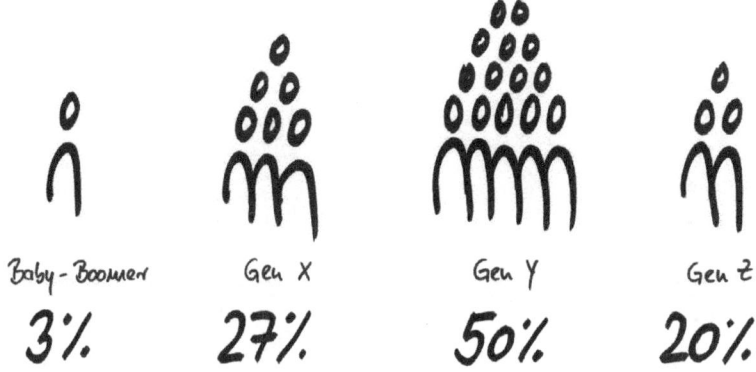

Baby-Boomer   Gen X   Gen Y   Gen Z
3%.   27%.   50%.   20%.

Es ist an der Zeit, unsere Führungskräfte für die Unterschiede der Bedürfnisse und Erwartungen der neuen Generationen zu sensibilisieren. Denn eins ist so sicher wie das Amen in der Kirche: GEN Z hat die Macht der Demografie auf ihrer Seite!

Die Zahl der zur Verfügung stehenden Bewerber und möglichen Arbeitnehmer wird zukünftig immer kleiner werden. Betriebe, die ihre Strukturen um- und sich auf die neuen Generationen einstellen, werden die Sieger im War for Talents sein. Die Zukunftsfähigkeit unserer Unternehmen hängt davon ab, wie gut wir es schaffen, uns an diese neue Marktsituation anzupassen und auf unsere Mitarbeiter einzugehen. Ein neuer Glaubenssatz wäre dafür sehr hilfreich. Probieren Sie es doch mal damit:

Ich wechsle meine Perspektive und passe meine Unternehmenskultur den neuen Bedürfnissen an!

IMPULS 2: DIE WELT DER FÜHRUNGSSTILE: WIE SIE FÜHRUNG MESSBAR MACHEN

In der Regel qualifizieren sich Mitarbeiter über ihre gute Fachkompetenz und ihr Engagement in Führungspositionen: Sie sind brillant im Umgang mit Kunden, die besten Verkäufer oder dauerhaft top motiviert. Also bekommen sie mehr und mehr Verantwortung, werden stellvertretender Abteilungsleiter oder übernehmen die Rolle als Gruppen- oder Teamleiter. Hier angekommen, sind aber plötzlich Soft Skills und emotionale Intelligenz gefragt! Auf einmal ist man nicht mehr nur für die Zufriedenheit der Kunden oder Umsatzzahlen zuständig, sondern zusätzlich für die richtige Arbeitseinteilung, die Klärung von Verantwortungen und das Lösen von Konflikten im Team. Plötzlich soll man die unterschiedlichsten Interessen, Bedürfnisse und Meinungen der Teammitglieder unter einen Hut bringen und hat gleichzeitig den Erfolgsdruck im Nacken. Oft geraten Führungskräfte nun auch in ihrem Selbstmanagement durcheinander: Aufgaben können nicht mehr wie gewohnt strukturiert abgearbeitet werden. Man ist ja jetzt genau dafür zuständig, all das Unerwartete, was jeden Tag so reinkommt, zu regeln und sich um akute Engpässe in den Kernprozessen oder Brennpunkte im Team zu kümmern.

Da hilft oft nur eins: Die bewährte Flucht nach vorn! Sprich: Führungskräfte systematisch zum Führungshandwerk befähigen, so dass sie Methoden lernen, die den Führungsalltag erleichtern und somit ihr Handlungsrepertoire erweitern. Denn das ist tatsächlich wie bei einem guten Handwerker: Es passt immer nur einer von zwölf möglichen Schraubenschlüsseln aus dem Werkzeugkoffer. Und nur der Handwerker, der das richtige Werkzeug wählt, hat die Chance seine Aufgabe in guter Qualität und Zeit zu erledigen.

Zum Glück gibt es einen bewährten Klassiker in der Managementtheorie, ein Modell, dessen Riesenverdienst darin liegt, dass Führung endlich besprechbar und messbar wird. Das Führungsstile-Gitter (oder auch: Verhaltensgitter) nach Robert R. Blake und Jane Mouton (1964) zeigt die Kombinationsmöglichkeiten der zwei Hauptdimensionen an, an denen sich eine Führungskraft in ihrer täglichen Führungsarbeit permanent orientieren muss: Die Vorgaben-/Sach- und die Mitarbeiterorientierung.

Ihr Nutzen im täglichen Wahnsinn

Das Führungsstile-Gitter hilft einer Führungskraft zu erkennen, in welchem Führungsstil sie von Haus aus unterwegs ist und wo (oft unbewusst) Präferenzen liegen. Erst dadurch kann sie reflektieren, ob das eigene Verhalten aktuell hilfreich ist und welcher Führungsstil in dieser Situation oder auch grundsätzlich wirksamer sein könnte.

Es hilft Unternehmern und Vorgesetzten, sich zu allererst mal bewusst zu werden, welcher Führungsstil in der Organisation eigentlich gewünscht ist und was das dann genau im täglichen Umgang mit Mitarbeitern bedeutet. Damit ist der Ausstieg aus willkürlichem Verhalten von Führungskräften, unter dem Mitarbeiter am meisten leiden, endlich möglich. Die gemeinsame Reflexion des Modells und der aktuell gelebten Führungsstile im Führungsteam führt auch zu der Erkenntnis, dass die Verantwortung nicht mehr nach dem Motto: »Die müssen sich ändern! Ich bin eben wie ich bin!« abgegeben werden kann.

Zweitens ermöglicht die Arbeit mit dem Führungsstile-Gitter dem Unternehmer, seine Erwartungen an eine Führungskraft konkret beziffern und damit leicht verständlich machen zu können. Das ist oft der Schlüssel, abstrakte Führungsthemen auf ganz konkrete Alltags-Beispiele der Führungsarbeit (zum Beispiel das Geben von Arbeitsanweisungen) runterzubrechen und klare Ziele für das Führungsverhalten setzen zu können. Das Führungsstile-Modell kann in Zielvereinbarungs- oder Entwicklungsgesprächen einfach als Vorlage genutzt werden, die Wahrnehmungen beider Seiten abzugleichen. Sprich: Die Wahrnehmung und Einschätzung des Unternehmers und die Selbstwahrnehmung der Führungskraft. Große Unterschiede und Lücken in den Wahrnehmungen zeigen, dass es großen Gesprächs- und Klärungsbedarf gibt!

Aus unserer Sicht ist das Modell ein Must-have in jeder Führungskräfte-Toolbox!

Das Führungsstile-Gitter (Managerial Grid)

Zuerst mal geht es um die beiden großen Dimensionen, aus denen heraus jede Führungskraft täglich alle Entscheidungen trifft:

1. Die Orientierung an den Aufgaben des Unternehmens
   = Sachorientierung
2. Die Orientierung an den Bedürfnissen der Menschen
   = Mitarbeiterorientierung

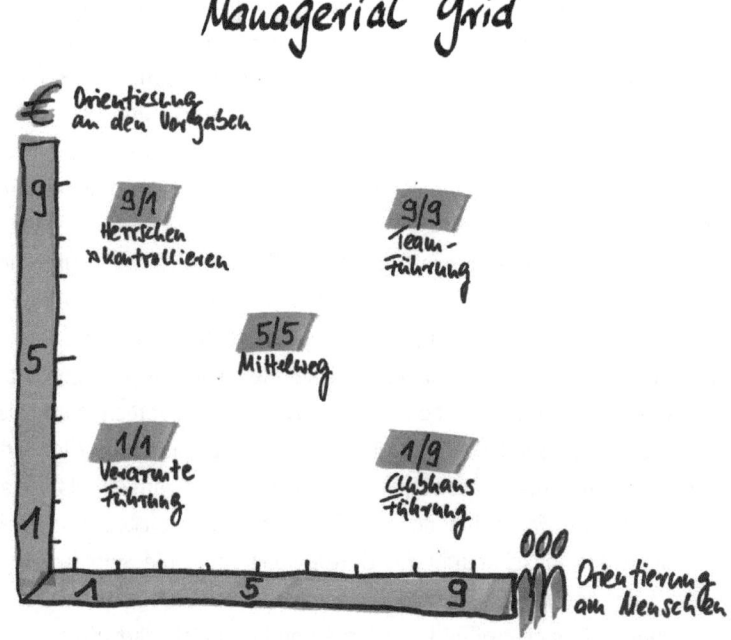

Eine starke Sach- und Aufgabenorientierung zeigt sich an der strikten Ausrichtung nach Unternehmenszielen und Vorgaben. Eine Orientierung an den Mitarbeitern lässt sich an einer Aufgabenverteilung im Team nach individuellen Fähigkeiten oder auch Interessen der einzelnen Mitarbeiter ablesen. Die Definition eines Führungsstils ergibt sich aus der Kombination beider Dimensionen, die sich in eine 9er-Skala unterteilen.

9/1 Führungsstil »Autoritäre Führung«
Motto der Führungskraft: Herrschen und kontrollieren

Im Fokus der Führungskraft stehen die Arbeitsergebnisse. Alles dreht sich um das Erfüllen von durch den Vorgesetzten vorgegebenen Aufgaben nach dem Prinzip Befehl und Gehorsam. Soziale oder persönliche Aspekte spielen im Arbeitsumfeld keine Rolle.

Pro
Der Führungsstil passt bei Akkordarbeit oder für Menschen, die nicht mitdenken beziehungsweise Aufgaben einfach nur abarbeiten wollen und dafür klare Ansagen brauchen. Er ist auch elementar in Krisensituationen, wenn keine Zeit für lange Diskussionen ist und schnell gehandelt werden muss.

Kontra
Wird der autoritäre Führungsstil dauerhaft gelebt, herrscht beim Gros der Mitarbeiter eine niedrige Zufriedenheit. Letztendlich sind wir alle Menschen und haben unterschiedliche Bedürfnisse und Wünsche, die Berücksichtigung brauchen. Für Teammitglieder der neuen Generationen ist das Bedürfnis nach Feedback, Bestätigung und Anerkennung sogar essenziell, um überhaupt motiviert zu sein.

1/9 Führungsstil »Klubhaus-Führung«
Motto der Führungskraft: Nach Zuneigung und Zustimmung suchen

Oberstes Ziel dieses Glacéhandschuh-Führungsstils ist ein angenehmes Betriebsklima. Der Fokus liegt vollständig auf den Bedürfnissen der Mitarbeiter. Individuelle Befindlichkeiten werden sehr ernst genommen und bekommen viel Raum.

Pro
Mitarbeiter mit viel Bedürfnis nach sozialem Miteinander und stark emotionale Typen fühlen sich beachtet und kommen gut in ihren Flow.

Kontra
Die Führungskraft ist bestrebt, Entscheidungen nur im Konsens mit allen Teammitgliedern zu treffen, was in der Regel dazu führt, dass lange Entscheidungsprozesse auf Kosten der Ergebnisse akzeptiert werden. Sorgfältige Beachtung der Bedürfnisse der Menschen nach befriedigenden Beziehungen führt zu einem bequemen und freundlichen Betriebsklima und entsprechendem Arbeitstempo. Der Führungsstil gerät an Grenzen, sobald Vorgaben und Ziele erreicht werden müssen.

1/1 Führungsstil »Verarmte Führung«
Motto der Führungskraft: Ausharren

Hier herrscht insgesamt eine schwache Einflussnahme der Führungskraft. Die Führungskraft wartet ab, dass sich die Dinge von selbst regulieren oder sich Verantwortliche finden, die sich irgendwann der Sache annehmen.

Die Mitarbeiterzufriedenheit ist in der Regel gering, da Konflikte nicht gelöst werden, Leistungsanreize und damit Erfolgserlebnisse und Anerkennung fehlen. Damit ist es der Führungsstil mit den fatalsten Folgen für die Organisation: Es werden weder Ergebnisse erzielt, noch stimmt die Mitarbeiterzufriedenheit. Eigentlich erschreckend, wie oft der Führungsstil doch noch verbreitet ist! Beobachten Sie in einer Abteilung das Aussitzen der Probleme durch die Führungskraft, wird es Zeit, zu handeln.

5/5 Führungsstil »Mittelweg«

Motto der Führungskraft: Beliebt sein und dazugehören

Die Führungskraft versucht sowohl die Orientierung an den Vorgaben, als auch die Orientierung an den Bedürfnissen der Mitarbeiter auf einem zufriedenstellenden Niveau auszubalancieren. Dadurch ist eine angemessene Organisationsleistung möglich.

Pro

In beiden Dimensionen mindestens auf einer 5 zu landen, könnte ein erstes gemeinsames Ziel im Führungskräfteteam sein. Die Schwierigkeit besteht darin, dass die Konzentration auf eine der beiden Dimension jeweils auf Kosten der anderen Dimension erfolgt. Sprich: Wenn die Führungskraft ab sofort klare Zielvorgaben zum Beispiel für Kostenzahlen vorgibt und kontrolliert, wird es immer einige Mitarbeiter geben, die dies als Druck empfinden, wodurch die Zufriedenheit erst mal sinken kann. Erst ein bewusstes Gegenwirken zum Beispiel das Darstellen der objektiven Gründe für diese Entscheidung kann den Wert auf der Skala »Mitarbeiterorientierung« halten oder sogar erhöhen.

Kontra

Man könnte jetzt sagen: »Immerhin Mittelmaß in beiden Dimensionen«. Allerdings ist das gefühlt eben doch: Lauwarm. Nichts Halbes, nichts Ganzes: Weder eine Bonuszahlung durch Erreichung der Zielzahlen, wie durch den Führungsstil 9/1 möglich, noch Mitarbeiter die begeistert sind, weil ihre Interessen und Bedürfnisse berücksichtigt werden, wie durch den Führungsstil 1/9 möglich.

9/9 Führungsstil »Team-Führung«
Motto der Führungskraft: Bedeutsame Beiträge liefern

Bei diesem Führungsstil gibt es klare Vorgaben: Quantitative und qualitative Ziele, klar definierte Verantwortungsbereiche und Zuständigkeiten, aktuelle Qualitätsstandards und Umsetzungskontrollen. Gleichzeitig sind die Mitarbeiter motiviert und begeistert. Das gemeinsame Engagement für Organisationsziele, definierte Leitbilder und Verhaltens-Regeln führt zu Beziehungen, die sich durch Vertrauen und Respekt auszeichnen.

Eindeutig PRO – und eine Frage der Haltung
Ja, der 9/9 Führungsstil ist natürlich der herausforderndste! Und sicher auch nicht jeden Tag erreichbar. Es geht hier auch eher um die Haltung 9/9 mit der die Führungskraft in Gespräche geht oder Entscheidungen trifft. Eben mit dem Blick auf BEIDE Dimensionen: Die Ziele und Vorgaben, die erreicht werden sollen, aber eben auch die Bedürfnisse, Fähigkeiten und Möglichkeiten der Mitarbeiter. Wesentlich ist dabei also ein zielorientierter, wertschätzender Geist.

Leitgedanken, die die Haltung 9/9 entwickeln:
- Eine offene Kommunikation ist mir wichtig, wir sprechen besser mit- anstatt übereinander!
- Im täglichen Chaos sind die gemeinsam definierten, übergeordneten Ziele unser Leuchtturm!
- Es ist mir wichtig, Probleme gemeinsam zu lösen, damit sich so viele Mitarbeiter wie möglich mit Entscheidungen identifizieren!
- Ich arbeite permanent daran, Verantwortungen zu delegieren.
- Ich sorge dafür, dass Verantwortungsfragen entschieden und nicht auf die lange Bank geschoben werden.
- Ich sorge für eine leistungsorientierte Bezahlung.

Anwendung in acht einfachen Schritten

1. Entscheidende Frage: Wo stehen Sie? Beamen Sie sich in Ihren Führungsalltag und reflektieren Sie:
   - Wie sehr habe ich Budget-, Kosten- und Kennzahlen auf dem Schirm?
   - Wie wichtig sind mir Unternehmens-, Abteilungs- und Prozess-Ziele?
   - Wie stark habe ich Qualitätsstandards, Leitlinien und Leitbilder im Fokus?
   - Wie sehr setze ich Vorgaben gegenüber meinen Mitarbeitern durch?

2. Definieren Sie nun Ihren aktuellen Status auf der Skala »Orientierung an den Vorgaben« zwischen 1 und 9.

3. Dann kommen wir zur zweiten Dimension »Orientierung an den Menschen«. Denken Sie kurz darüber nach:
   - Wie wichtig sind mir die Bedürfnisse meiner Mitarbeiter?
   - Wie oft frage ich sie aktiv nach ihren Wünschen und persönlichen Zielen und binde diese ein?
   - Wie wichtig ist es mir, Konflikte schnellstmöglich zu lösen?

4. Definieren Sie nun Ihren aktuellen Status auf der Skala »Orientierung an den Menschen« zwischen 1 und 9.

5. Setzen Sie Ihr Kreuz am besten mit dem Datum von heute.

6. Und jetzt spüren Sie mal hin:
   - Sind Sie mit sich als Führungskraft zufrieden?
   - Was wollen Sie an Ihrem Führungsstil ändern?
   - Wo wollen Sie in drei Monaten stehen?

7. Und setzen Sie jetzt am besten in einer anderen Farbe Ihr Zielkreuz, mit dem Datum in drei oder sechs Monaten.

8. Reflektieren Sie dann den Weg zum Ziel:
   - Was genau könnten Sie ab morgen *anders* machen, um an dieses Ziel zu gelangen?
   - Was genau könnten Sie ab morgen *zusätzlich* machen, um an dieses Ziel zu gelangen?

Das Führungsstile-Gitter hat aber noch einen weiteren großen Mehrwert: Es hilft, im Führungskräfteteam gemeinsam zu definieren, was genau in der Organisation als gesetzt und nicht verhandelbar gilt – also was autoritär gehandhabt werden soll und womit kooperativ umgegangen wird – also was mit Mitarbeitern gemeinsam erarbeitet wird und damit verhandelbar ist. Hier vier Beispiele, an denen die Abgrenzung zwischen »autoritär« und »kooperativ« deutlich wird:

autoritär — **kooperativ**

autoritär	kooperativ
Das Organigramm legen Sie natürlich als Chef fest	Die dazugehörigen konkreten Verantwortungsbereiche und Zuständigkeiten werden stärkenorientiert im Team festgelegt
Die Einhaltung des gemeinsam festgelegten Leitbildes wird klar eingefordert	Inhaltlich werden die Werte und Spielregeln gemeinsam mit dem Team erarbeitet
Die Regeln, wann und in welcher Form Mitarbeitergespräche durchgeführt werden	Befähigung der Führungskräfte durch externe Coachings, Schulungen oder gemeinsame Vorbereitung der Gespräche
Das finale Budget wird als verbindliche Zielzahl festgelegt	Budgetworkshops und regelmäßige erklärte Soll-Ist-Vergleiche der Zahlen

IMPULS 3: GUTE FEEDBACKS SIND DER BLUTKREISLAUF JEDES UNTERNEHMENS!

Was Paul über Peter sagt, sagt mehr über Paul als über Peter!

Die meisten Probleme zwischen Mitarbeitern und Führungskräften, die in unseren Workshops auf den Tisch kommen, lassen sich auf unzureichende Kommunikation oder mangelnde Klarheit in Gesprächen zurückführen: Mitarbeiter wissen oft nicht, was ihre Chefs genau von ihnen wollen oder was diese genau erwarten. Führungskräfte haben manchmal keine Ahnung, was die Bedürfnisse und Wünsche ihrer Mitarbeiter sind.

Dabei hätte es hier oft nur zum richtigen Zeitpunkt eine ganz offene Kommunikation gebraucht. Also ein deutliches Aussprechen der gegenseitigen Wahrnehmungen und Erwartungen. Manche Führungskräfte sagen, sie hätten nicht die Zeit, ständig Feedback zu geben. Da bleibt die Frage, ob das nicht doch ein Vorwand ist: Offenes Feedback im richtigen Moment spart jede Menge Zeit! Es ist wesentlich zeitintensiver Missverständnisse rückwirkend aufzuklären oder falsche Erwartungen nach der erlebten Enttäuschung zurechtzurücken.

Einer der Hauptgründe, weshalb Feedback für den Unternehmenserfolg elementar ist, ist aber: Es gibt eine Lücke in der Selbstwahrnehmung. Also einen Bereich, den man an sich selbst nicht wahrnehmen kann. Das ist wie der tote Winkel beim Autofahren – der Bereich, den man trotz Rück- und Seitenspiegel nicht einsehen kann. Genauso gibt es auch in der Selbstwahrnehmung einen Blinden Fleck.

Diese Wahrnehmungslücke betrifft zum größten Teil die eigene Wirkung: Die Art und Weise wie man auf andere Menschen wirkt. Alle anderen Menschen können es wahrnehmen und es hinterlässt bei ihnen unbewusst einen Eindruck und erzeugt Gefühle. Der Mensch selbst nimmt diese Wirkung aber nicht wahr. Geht man also davon aus, kann man als Führungskraft ganz locker bleiben und sogar mit der Haltung rangehen: »Ich muss es dem Mitarbeiter sagen, vielleicht ist ihm gar nicht bewusst, was er mit seinem Verhalten oder seiner Reaktion auslöst! Ich muss ihm also erst Feedback geben, damit er dann sein Verhalten ändern kann.«

Feedback-Typ »Ignorant«

Häufig erleben wir in KMUs die aus der Patriarchen-Kultur heraus historisch gewachsene Was-der-Chef-sagt,-wird-gemacht-Haltung bei Mitarbeitern. Hier ist Feedback-Kultur auf dem Tiefpunkt. Wenn etwas nicht so gemacht wird, wie Chef will, wird ein Machtwort gesprochen, fertig. Der Chef ist also über Jahre gewöhnt, Ansagen zu machen. Oft kann er weder richtig Zuhören, noch ein Feedback so aufbauen, dass der Mitarbeiter sich trotz Kritikpunkten noch gut fühlt. Das ist allerdings das Ziel beim Feedback geben: Ich sage einem Menschen wie ich ihn, sprich seine Leistung oder sein Verhalten sehe, ohne ihn dabei zu verletzen.

Feedback-Typ »Softie«

Stark im Kommen ist seit der Wertschöpfung-durch-Wertschätzung-Welle der Kuschelkurs à la Feedback muss immer auch positiv sein. Botschaften werden rücksichtsvoll in Watte gepackt oder nur angedeutet, nach dem Motto »der Mitarbeiter weiß dann schon selbst was ich meine«. Konkrete Beispiele von

Fehlverhalten werden nicht klar und deutlich angesprochen, sondern vorsichtig umschrieben. Diese Art der Kommunikation ist wenig produktiv, keiner kann etwas daraus lernen. Probleme werden aufgeschoben anstatt sie anhand der Faktenlage realistisch einzuschätzen und gemeinsam eine Lösung zu entwickeln.

Und da Unternehmen betriebswirtschaftlich geführt werden, bleibt immer die Frage, was unterm Strich rauskommt. Sprich: Wie effizient ist eine Führungskraft in ihrer Kommunikation?

Typ Ignorant	Typ Softie
	alles in Watte packen
lange nichts sagen	immer etwas Positives sagen
dann auf den Tisch hauen	
grundsätzlich keine Geduld	Kuschelkurs
Redeanteil in Gesprächen/Meetings 90 Prozent	in Meetings darf immer jeder ausreden
Kritik ohne konkrete Zahlen und Fakten	Kritik nur mit Wertschätzungsschleife
emotionale Ausbrüche	Botschaften zwischen den Zeilen verstecken
Aufbau von Druck und Angst	Aufbau von Illusionen
Motto: »Das ist so, egal was du sagst!«	Motto: »Jeder darf so sein, wie er ist«
Wer ist effizienter?	
braucht mehrere Gespräche danach, um Druck abzubauen, Ängste zu nehmen und das Selbstvertrauen wieder herzustellen	braucht viele Gespräche, bis der Mitarbeiter versteht, was er tun soll und dass es jetzt gilt

Fazit: Wie Buddha schon sagte, die Extreme führen nie zum Ziel. Was wir brauchen ist einen Weg der Mitte. Selbstverständlich sind Wertschätzung und Respekt für eine zukunftsfähige Unternehmenskultur wichtig. Trotzdem darf der aktuelle Trend zu mehr Anerkennung und Wertschätzung der Mitarbeiter nicht zum Kuschelkurs führen. Manchmal braucht es die klare Anweisung vom Chef oder eine klar definierte Grenze.

Wertschätzung und Respekt entstehen vor allem durch Klarheit in der Beziehung zwischen Menschen und Klarheit in ihrer Kommunikation.

Die goldene Regel: Klar kommunizieren

Voraussetzung für klare Kommunikation ist die eigene Bewusstheit. Nur wer sich bewusst ist, was genau die eigene Erwartung ist, kann klar anhand von Zahlen und Fakten die Situation und die Arbeitsergebnisse an den Mitarbeiter zurückspiegeln.

Und nur wer sich bewusst ist, ob die eigene Erwartung erfüllt oder sogar übertroffen ist, kann präzise Feedback geben. Die Präzision erfolgt durch eine bewusste Dosierung des Feedbacks in drei Stufen. Messlatte ist immer die vorab klar kommunizierte eigene Erwartung und der Abgleich zwischen Erwartung und Leistung/Verhalten des Mitarbeiters:

1. Stufe	
»Erwartung erfüllt« Bestätigung: »Ja, so habe ich mir das vorgestellt«	»Erwartung nicht erfüllt« Erwartung klarstellen: »Das hatte ich mir anders vorgestellt. Mach es bitte so ...«
2. Stufe	
»Erwartung übertroffen« Lob: »Super, das ist ja noch besser ...«	»Erwartung bewusst nicht erfüllt« WWW Feedbackformel
3. Stufe	
»Erwartung mehrmals übertroffen« Anerkennungsgespräch: unter vier Augen **und** angekündigt	»Erwartung mehrmals nicht erfüllt« Kritikgespräch: unter vier Augen **und** angekündigt

Offene kommunikation bedeutet auch etwas anzusprechen, was der andere vielleicht nicht gern hören will!

EFFIZIENZ IM BUSINESS IST DAVON ABHÄNGIG, IN WELCHER QUALITÄT DIE FÜHRUNGSKRAFT KOMMUNIZIERT.

IE

Die TOP-3-Feedback-Techniken

Diese drei Techniken gehören auf jeden Fall in jede gute Führungskräfte-Toolbox!

TOP-1-Feedback-Technik: Die WWW-Formel

Wahrnehmung	Wirkung	Wunsch
Ich nehme es so wahr ... Mir ist aufgefallen, dass ... Bei mir kommt es so an ... Ich erlebe es so ...	Das wirkt auf mich ... Das irritiert, mich weil ... Das löst bei mir ... aus ...	Ich wünsche mir, dass ... Ich könnte mir vorstellen, dass ...

Zuerst schildern Sie Ihre Wahrnehmung beziehungsweise Beobachtung der konkreten Situation. Es ist wichtig, dass Sie hier aus der Ich-Perspektive sprechen, damit die Botschaft nicht als Angriff ankommt. Dann schildern Sie die Wirkung beziehungsweise welche Emotionen das Verhalten bei Ihnen erzeugt hat. Hier werden Sachebene und emotionale Ebene verbunden, das erzeugt in der Regel eine emotionale Resonanz beim Empfänger. Im Coaching sagt man »Man muss den Schuss emotional hörbar machen«. Oft bewirkt erst dies dann eine Verhaltensänderung. In der dritten Phase sprechen Sie Ihre Wünsche und Erwartungen an das Verhalten beziehungsweise die Leistung des Mitarbeiters klar an. Im Dialog werden dann gemeinsam eine Lösung erarbeitet und die Umsetzungsschritte festgelegt.

Eine Feedback-Situation ist oft heikel, da niemand leichten Herzens akzeptiert, in seinem Selbstbild korrigiert zu werden. Beim Geben von Feedback sollte man daher ein paar Regeln beachten:

Achtung:
Keine Killerphrasen verwenden!

Ausgeglichener emotionaler Zustand
Dann bleiben Sie sachlich und vermeiden heftige emotionale Reaktionen.

Ist Ihr Gegenüber bereit?
»Darf ich dir kurz ein Feedback geben?« (Basic-Version)
»Ich weiß, du kannst es noch besser! Wenn du möchtest, sage ich dir was ich denke, wie du es noch besser machen kannst.« (für Fortgeschrittene)

Trennen Sie Verhalten von Eigenschaften!
Killerphrase: »Du bist seltsam.«
Besser: »Du verhältst dich heute seltsam.«

Seien Sie konkret ohne Verallgemeinerungen und Pauschalisierungen
Killerphrase: »Du kommst immer viel zu spät.«
Besser: »Gestern bist du zehn Minuten, letzten Montag fünf Minuten zu spät gekommen.«

Konstruktiv und beschreibend

Killerphrase:»Ich finde es blöd, wie Sie die Gespräche führen. Sie können das nicht.«

Besser:»... Ich habe gesehen, dass Sie das Gespräch zu dritt geführt haben. Ich empfehle Ihnen, Mitarbeiter-Gespräche dieser Art unter vier Augen zu machen ...«

Nur in eigenem Namen sprechen

Wenn man von seinen eigenen Beobachtungen und Eindrücken spricht und nicht von denen anderer, fällt es dem Beteiligten leichter, das Feedback anzunehmen. Killerphrase wäre:»Die anderen haben auch gesagt, dass Sie das nicht können.«

Zeitnah

Feedback gehört nicht ins Lager oder ins Museum! Killerphrase:»Und vor drei Monaten haben Sie mich auch schon mal enttäuscht.«

Unter vier Augen anerkennen

Neid kann zu Spannungen innerhalb des Teams führen. Der gelobte Mitarbeiter könnte als Streber isoliert werden.

TOP-2-Feedback-Technik: Das Anerkennungsgespräch

Trotz der positiven Wirkungen wird das Anerkennungsgespräch selten angewandt. Oft haben Chefs Bedenken, dass Mitarbeiter dann gleich mit Gehaltserhöhungen oder anderen Forderungen um die Ecke kommen. Manchmal herrscht auch noch die mittelalterliche Haltung »Nicht geschimpft ist genug gelobt« vor. Dabei wirkt ein Anerkennungsgespräch wie ein positiver Verstärker, denn das Erfolgsgefühl veranlasst den Mitarbeiter sein Verhalten beizubehalten. Es ist eine Einzahlung auf das Selbstwertkonto, man fühlt sich als Mensch wertgeschätzt. Nehmen Sie sich immer die paar Minuten Zeit für ein Anerkennungsgespräch, wenn Sie ein Verhalten beobachten, dass Ihre Erwartungen mehrmals oder über einen längeren Zeitraum echt übertroffen hat. Es ist immer die sinnvollste Investition von allen!

»Ein Anerkennungsgespräch ist wie ein Fußball-Elfmeter ohne Torwart – Sie müssen ihn nur noch reinmachen!« Pü

Beispiele für den Einstieg:
»Ich wollte Ihnen gern sagen, dass ich es klasse finde, wie Sie an dem Auftrag drangeblieben sind. Jetzt ist die Unterschrift da und wir haben tatsächlich den Kunden! Gratuliere! ...«
»Es ist mir wichtig, Ihnen trotz des ganzen Tages-Trubels zu sagen, dass ich echt beeindruckt war, wie ruhig und professionell Sie gestern Nachmittag mit dem Kunden X umgegangen sind ...«

Top-3-Feedback-Technik: Das Kritikgespräch
Viele Führungskräfte drücken sich vor Kritikgesprächen – und riskieren damit hohe Folgekosten. Denn von sich aus wird der Mitarbeiter sein Verhalten nicht ändern, allem Anschein nach hält er sein Verhalten für in Ordnung. Das Ziel ist die Korrektur falscher Verhaltensweisen oder ungenügender Leistung. Kritik wird fast immer als Angriff auf das Selbstbewusstsein wahrgenommen, erregt Widerwillen und ruft zu Verteidigung auf. Gleichzeitig spielt auch die Angst vor dem Verlust der Anerkennung und Zuneigung mit. Daher muss Kritik in einer Form erfolgen, die der Mitarbeiter akzeptieren kann und die dennoch motivierend wirkt. Dazu sollte sich die Führungskraft an ein paar Regeln halten: Kritik muss immer unter vier Augen geführt werden und sollte idealerweise auf eigenen Wahrnehmungen beruhen. Sie sollten sich ausreichend Zeit nehmen, damit Argumente erschöpfend hervorgebracht werden können. Sonst könnte es passieren, dass Spannungen verschleppt und ab einem gewissen Zeitpunkt nicht mehr aufgearbeitet werden können. Besonders wichtig ist es, sich an die einzelnen Phasen des Kritikgespräches zu halten, damit es konstruktiv läuft – Sie also auf jeden Fall eine neue Lösung für das Verhalten des Mitarbeiters vereinbaren.

 Den *Leitfaden Kritikgespräch* finden Sie als Download auf: *www.eulzer-und-puetter.rocks*

IMPULS 4: DEFINIEREN SIE IHREN NORDSTERN!

Don Corleone als der große Patron hat ausgedient, bedingungsloser Gehorsam der Mitarbeiter ist überholt. Die Nachwuchstalente von heute möchten eigenverantwortlich arbeiten und selbstständig entscheiden können. An die Stelle des allwissenden Patriarchen tritt ein mit allen Mitarbeitern erarbeitetes Leitbild, sprich: die schriftliche Erklärung einer Organisation über ihr Selbstverständnis zu Vision, Unternehmenszweck und Werten. Ein Leitbild gibt dem Handeln eines Teams eine klare Orientierung und noch wichtiger: Identität und Motivation. Es kann wie ein Magnet wirken, alle Mitarbeiter energetisieren und in eine Richtung lenken.

Gerade auch in kleinen und mittelgroßen Organisationen hat sich die gemeinsame Entwicklung eines Leitbildes als großer Hebel herausgestellt, um einen Veränderungs- oder Verbesserungsprozess anzustoßen. Denn hier wird eine gemeinsame Vision formuliert: Wofür stehen wir? Und natürlich wird hier auch gemeinsam die Bedeutung, also der Sinn und Zweck des Unternehmens definiert, die Antwort auf die Frage: Wozu sind wir da? Die Definition des

Purpose, also des Unternehmenszwecks und der Absicht, liefert die Gründe, wofür es sich lohnt sich als Mitarbeiter ins Zeug zu legen. Und sie macht es Führungskräften leichter, stimmige Entscheidungen zu treffen. Es entsteht die Möglichkeit, alles Handeln und Entscheiden im Unternehmen davon abzuleiten.

In unserer komplexen und schnelllebigen Zeit ist es immer wichtiger, den Weg der Selbstorganisation für Teams zu ermöglichen. Doch flache Hierarchien und mehr Verantwortung für einzelne Mitarbeiter sind nur möglich, wenn gemeinsame Ziele und Grundsätze klar definiert sind.

Um Arbeitnehmer der neuen Generationen gut in gestandene Teams zu integrieren, sollte gemeinsam die Wertelandschaft definiert werden: Die Werte im Umgang mit den Kunden und die Werte im Umgang mit Kollegen. Werte liegen allem Handeln zugrunde. Unterschiedliche Verhaltensweisen sind immer nur Symptome dafür, dass hier aus unterschiedlichen Werten heraus gehandelt wird. Daher ist es wichtig, sich im Team auf die wichtigsten Werte zu einigen und klare Statements dazu zu formulieren. Für die Mitglieder der neuen Generationen sind Unternehmenszweck, Werte und Ziele übrigens wichtigere Entscheidungskriterien bei der Arbeitgeberwahl als das Gehalt. Also höchste Zeit, ein Leitbild zu erarbeiten und es aktiv im Recruiting einzusetzen!

Entwicklung eines Leitbildes

Ob ein Leitbild und eine Vision Führungskräfte und Mitarbeiter begeistern und motivieren, liegt nicht alleine an den Inhalten. Es ist vor allem die Art, wie Leitbild und Vision entwickelt werden: Zieht sich die Führungsspitze alleine zurück und zaubert dann das Leitbild wie ein Kaninchen aus dem Hut? Oder sind die Mitarbeiter bei der Visionsentwicklung ernsthaft beteiligt (Shared Vision)?

Wir haben schon erlebt, dass ein Leitbild von der Unternehmensführung komplett mit externen Beratern erarbeitet und den Mitarbeitern als Hochglanzbroschüre zum Neujahrsempfang feierlich auf den Tisch gelegt wurde. Man kann sich vorstellen, dass sich die Begeisterung der Mitarbeiter in Grenzen hielt und das Leitbild es bei dem ein oder anderen nicht mal mit auf den Nachhauseweg geschafft hat!

Kardinalfehler Nummer 2: Das Leitbild wird aufwendig im Gruppenprozess erarbeitet, doch bevor es das Licht der Welt erblickt, wird es vom Chef glattgebügelt. Sprich solange umformuliert und geschliffen, bis die Aussagen darin mit den Menschen der Organisation und ihrer alltäglichen Sprache nichts mehr zu tun haben. In der Regel landen solche Leitbilder dann in der Schublade und verstauben, anstatt gelebt zu werden.

Wir empfehlen, in die Leitbild-Workshops alle Mitarbeiter von der Führungskraft bis zum Auszubildenden oder Hausmeister einzubeziehen und die Teilnehmergruppen abteilungsübergreifend zu mischen. Damit entstehen gleichzeitig tolle Synergieeffekte im Teambuilding. Wie kann so ein Leitbild-Workshop nun konkret aussehen? Es stehen vier große Themenbereiche auf der Agenda:

1. Vision: Was wollen wir bewirken? Wo wollen wir hin?
Eine Vision ist ein Zukunftsbild, die Vorstellung eines Zielzustandes den Sie mit Ihrem Unternehmen erreichen wollen. Sie sollte groß genug sein, um wie der Nordstern über dem Gebirge Ihrer Ziele zu stehen und einen positiven, freudigen Sog auf die Menschen im Unternehmen zu erzeugen. Sie sollte über den Unternehmer selbst und seine Ego-Befriedigung hinausgehen. Eine Vision die Menschen und Mitarbeiter berührt, hat immer auch ein höheres Ziel. Ein Ziel, mit dem das Unternehmen etwas Positives für die Allgemeinheit bewirkt. Gleichzeitig darf man sich hier nicht selbst unter Druck setzen. Aus unserer Sicht kann auch ein klares, inspirierendes Ziel die Schubkraft einer Vision haben. Für Ihr Unternehmen ist es schlimmer, wenn Sie aufgrund zu hoher eigener Erwartungen nie auf den Punkt kommen und sich nicht trauen,

eine Vision zu formulieren. Hier ist auch etwas Mut gefragt und eine gesunde Portion Pragmatismus.

»Eine Vision hat dann die richtige Schlagkraft, wenn sie groß genug ist, dass sie dich begeistert und klein genug, dass du zu 100 Prozent daran glaubst, sie erreichen zu können.« Pü

Stellen Sie sich eine Folge von Leitfragen zur Visionsentwicklung und lassen Sie jede Frage einzeln wirken. Reduzieren Sie danach die Essenz der Gedanken zu zwei bis drei Leitsätzen.

Leitfragen (nach de Shazer 2015):
- Angenommen, über Nacht geschähe ein Wunder, dass all unsere Herausforderungen und Begrenzungen löst: Woran würden wir dies am nächsten Morgen merken?
- Was würden wir anders tun?
- Was würde dadurch möglich werden?
- Woran würden wir es noch merken?

Beispiel Wikipedia: »Stell dir eine Welt vor, in der jeder einzelne Mensch freien Anteil an der Gesamtheit des Wissens hat.«

Beispiel Microsoft 1975: »Ein Computer auf jedem Schreibtisch und in jedem Zuhause.«

Beispiel Vulkan Brauerei Mendig: Vision 2025
- Wir holen Welt-Trends in die Eifel! Wo wir sind ist vorne!
- Wir sind beliebtester Arbeitgeber der Branche!
- Wir sind das Gastronomie-Unternehmen mit der besten Bewertung in der Region!
- Das Team verkörpert unsere Leidenschaft!

2. Unternehmenszweck und Mission: Wozu sind wir da?

Was ist uns wichtig? Wofür stehen wir morgens auf?

Im zweiten Schritt geht es um den Zweck Ihres Unternehmens, den Sinn, weshalb es Ihr Unternehmen gibt.

Leitfragen:
- Wozu sind wir hier?
- Was ist uns besonders wichtig?
- Warum schätzen unsere Kunden unser Unternehmen?
- Was bereitet uns am meisten Freude und Erfüllung bei der Arbeit?

Vorsicht Falle:

Bei der Frage »Wozu sind wir hier?« ist es wichtig, in Richtung »Nutzen« zu denken. Ziel des Unternehmens muss immer sein, dem Kunden einen Nutzen, einen Mehrwert zu bieten. Wenn wir dem Kunden mit unseren Leistungen und Produkten keinen größeren Nutzen bieten als unser Konkurrent, indem wir zum Beispiel schneller, günstiger, qualitativ besser, trendiger et cetera sind, wird es uns nicht mehr lange geben.

3. Alleinstellungsmerkmale: Was macht uns besonders?

Welchen Nutzen bieten wir?

Jeder Unternehmer kennt die Wichtigkeit von echten Alleinstellungsmerkmalen, um sich vom Wettbewerb abzuheben. Soweit zur Theorie. In der Praxis sieht es meist verheerend aus. Entweder sie sind so schwammig und pauschal formuliert, dass keine echte Alleinstellung erkennbar ist. Produkte oder Dienstleistungen des Unternehmens wirken dann austauschbar, es gibt keinen Mehrwert, der einen Kaufimpuls auslösen würde. Oder die sogenannte USPs (Unique Selling Propositions) sind in der Marketingstrategie formuliert und dem Unternehmer klar, aber den Mitarbeitern nicht. Sie müssen also auf beides achten:

1. Ihre Dienstleistungen oder Produkte müssen den Kunden tatsächlich einen Nutzen bieten. Als echtes Alleinstellungsmerkmal gilt nur, was nicht in kurzer Zeit (zwei bis drei Jahre) vom Wettbewerb kopierbar ist.
2. Alleinstellungsmerkmale müssen allen Mitarbeitern bewusst sein.

Es lohnt sich, hier Zeit zu investieren. Nur wenn Sie echte Alleinstellungsmerkmale bieten, werden Sie langfristig erfolgreich sein. Nur wenn allen Mitarbeitern Ihre Alleinstellungsmerkmale ganz bewusst sind, werden sie mehrmals am Tag an Kunden kommuniziert und aktiv als Verkaufsargument eingesetzt.

»Wir haben zu viele ähnliche Firmen, die ähnliche Mitarbeiter beschäftigen mit einer ähnlichen Ausbildung, die ähnliche Arbeiten durchführen. Sie haben ähnliche Ideen und produzieren ähnliche Dinge zu ähnlichen Preisen in ähnlicher Qualität. Wenn Sie dazu gehören, werden Sie es in Zukunft schwer haben.«

Emil Hoffmann

Leitfragen:
• Was macht uns besonders?
• Was bieten wir unseren Kunden, was unsere Wettbewerber nicht bieten?
• Weshalb sollte man als Kunde gerade in unserem Unternehmen kaufen?

Beim Leitbild-Workshop mit der Vulkan Brauerei in Mendig haben wir die Alleinstellungsmerkmale durch »Leidenschaften« ersetzt. Das Ergebnis hat alle so begeistert, dass sich der Chef kurzerhand entschieden hat, diese auf seine Bierdeckel zu drucken:

Unsere drei Leidenschaften
Wir sind Bier-Enthusiasten:
• acht hauseigene Biere vom Hahn
• fünf direkt aus dem Reifetank
• In Bourbon-Holzfässern gereiftes Bier
• Unser Biere sind vielseitig ausgezeichnet: Craft Bier Award, Eifel-Award ...

Wir lieben Fleisch:
- Unser Fleisch ist regional und Eifel-zertifiziert
- Wir grillen auf einem Vulkan-Lavastein-Grill
- Wir haben eigene Cuts, Marinaden und Garmethoden

Wir machen Bier erlebbar:
- Führungen durch den tiefsten Bierkeller der Welt
- Bier-Tastings durch ausgebildete Bier-Sommeliers
- Führungen durch die gläserne Brau-Produktion inklusive Zwickelprobe

In Zeiten von Fachkräftemangel und Demografischem Wandel reicht die Nutzen-Analyse durch die Kundenbrille allerdings lange nicht mehr aus. Im nächsten Schritt geht es darum, was Sie als Arbeitgeber besonders macht. Das heißt, welche Employer Values (EVP: Employer Value Proposition) Sie Ihren Mitarbeitern bieten. Es geht um den Nutzen und die Mehrwerte, die der Arbeitnehmer bei Ihnen als Arbeitgeber hat. Also die Kriterien, die einen potenziellen Arbeitnehmer dazu veranlassen, bei Ihnen anzufangen und nicht bei der Konkurrenz.

Oft bieten Unternehmen schon viele zusätzlichen Leistungen an, wie zum Beispiel Weiterbildungsangebote, Betriebsfeiern oder Sprudel und Kaffee for free. Leider sind diese Mehrwerte manchmal gar nicht allen Mitarbeitern klar oder werden als selbstverständlich verbucht. Manchmal werden sie auch nicht nach außen verkauft, sprich sind weder auf der Homepage ersichtlich, noch werden sie in Vorstellungsgesprächen erwähnt.

Leitfragen: Was uns als Arbeitgeber besonders macht:
- Was macht uns besonders?
- Welche Mehrwerte bieten wir unseren Mitarbeitern?
- Was bieten wir unseren Mitarbeitern, was unsere Wettbewerber nicht bieten?

Hier ein Beispiel eines Unternehmens aus dem Einzelhandel:

- Rücksichtnahme auf Familie und Studium durch flexible Arbeitszeitmodelle
- Betriebliche Gesundheitsförderung (Zuschüsse zu Präventionskursen und Massagen, Dienst-E-Bike)
- Regelmäßige Schulungen zur Weiterbildung
- Eine Krankenzusatzversicherung
- Kostenlose Getränke (Sprudel, Saftschorle, Kaffee, Milch und Tee) und frisches Obst
- Betriebsausflug und Weihnachtsfeier

4. Wertelandschaft: Wie gehen wir mit unseren Kunden um? Wie gehen wir miteinander um?

Globalisierung, Digitalisierung, der Denk- und Arbeitsstil der neuen Generationen: Der Werte- und Bewusstseinswandel unserer Gesellschaft ist in vollem Gange. Auch die Ansprüche an Arbeit und Leben und die damit verbundenen Bedürfnisse sind im Wandel. Und so prallen täglich ganz unterschiedliche Wertewelten in Teams aufeinander. Unterschiede in der Einstellung zur Arbeit, zum Thema Regeln und zur Umsetzung dieser werden immer häufiger zu Brennpunkten in der Zusammenarbeit von Teams. Unterschiede in der Haltung zum Kunden – gehe ich zum Beispiel auf Augenhöhe mit dem Kunden um oder heißt Service immer auch devot sein – können Glaubenskriege entfachen.

Werte sind persönliche Überzeugungen darüber, was wir für besonders wichtig halten. Sie sind Glaubenssätze in Bezug auf richtig oder falsch, gut oder böse. Es hilft also, sich auf gemeinsame Werte und wie sie im Arbeitsalltag umgesetzt werden sollen, zu einigen. Nur so entsteht das Gefühl, dass alle am gleichen Strang ziehen. Nur so kann echte Kooperation im Team sichergestellt werden.

Wir empfehlen einen Leitbild-Workshop mit dem gesamten Team, in dem die Top 5 »Werte im Umgang mit Kunden« und die Top 5 »Werte im Team« definiert werden.

Beispiel eines Unternehmens aus der Hotellerie und Gastronomie

Unsere Werte im Umgang mit unseren Gästen:
Fachkompetenz: »Wir beraten unsere Gäste kompetent und können Fragen auf den Punkt beantworten!«
Freundlichkeit: »Freundlich sein ist das A und O für uns!«
Begeisterung: »Unsere Gäste sollen sich freuen, wieder zu kommen!«

Kleiner Tipp für Unternehmer: Wenn Sie als Unternehmer andere Werte für wichtiger halten, als die, auf die sich das Team demokratisch geeinigt hat: Entspannen Sie sich! Keinesfalls ist es ratsam, dass Sie aus Ihrer Chef-Rolle heraus Ihre Werte noch mit einspeisen. Vergessen wir nicht, worum es hier geht! In erster Linie darum, dass das Team motiviert wird und dadurch in Performance kommt. Und wenn sich zwanzig Menschen im Workshop auf gemeinsame Kunden-Werte einigen und dann damit direkt am Kunden Umsatz machen, ist alles gut.

Unsere Werte im Umgang im Team:
Zuverlässigkeit: »Wenn ich die Verantwortung für etwas übernommen habe, mache ich es auch!«
Pünktlichkeit: »Wir sind fünf Minuten *vor* Schichtbeginn da!«
Gleichberechtigung: »Regeln, die wir aufstellen, gelten für alle!«

Selbstverständlich gehört das Leitbild in die Toolbox jeder Führungskraft. Die Entwicklung des Leitbilds mit dem gesamten Team sind die ersten 50 Prozent. Die Anwendung, also das tägliche Leben der Werte sowie das Streben nach der Umsetzung von Vision und Unternehmenszweck sind die anderen 50! Das Leitbild gilt als Leitplanke für Verhalten und als Messlatte, wenn es darum geht weitere Ziele für einzelne Geschäftsbereiche oder Abteilungen

festzulegen. Ob ein Leitbild wirklich von allen gelebt wird, hängt davon ab, wie gut die Führungskraft den Transfer in den Arbeitsalltag hinkriegt. Hier einige Ideen, wie ein Leitbild integriert werden kann:

- In Mitarbeitergesprächen: Anerkennung, wenn der Mitarbeiter einen Wert gut umsetzt. Kritik, wenn ein Verhalten nicht den Werten entspricht.
- Bei Konflikten: Kriterium für Entscheidung.
- In Meetings: Dienen unsere Maßnahmen dazu, das Leitbild umzusetzen?
- In Vorstellungsgesprächen: Bewerbern präsentieren, Wirkung checken.
- Neue Mitarbeiter: Erhalten das Leitbild zusammen mit dem Arbeitsvertrag.
- Homepage: Die wichtigsten Botschaften gehören auf Ihre Website!

IMPULS 5: EIN GEMEINSAMER JAHRESZIEL-PLAN FÜR MEHR MITARBEITERBEGEISTERUNG

Von wegen teamorientierte Führung: Entscheidungen werden in deutschen Unternehmen einer aktuellen Studie (Akademie-Studie 2016) zufolge immer noch hauptsächlich auf dem Weg über die Hierarchie gefällt. Ganze 83 Prozent der insgesamt 466 befragten Führungskräfte und Mitarbeiter sagen, in ihrer Firma werde noch strikt hierarchisch entschieden. Für die Normalsterblichen unter den Mitarbeitern bleibt somit gefühlte Fremdbestimmung an der Tagesordnung. Dabei ist der Hauptantreiber für überdurchschnittliches Engagement glasklar:

Menschen wollen mitgestalten und etwas Sinnvolles bewirken!

Einflussnahme bei Entscheidungen die den eigenen Verantwortungsbereich betreffen, gegenseitiger inhaltlicher Austausch und kritisches Miteinander sind wesentliche Faktoren, damit Mitarbeiter nicht nur zufrieden, sondern begeistert sind.

WIR SIND HIER, UM EINE DELLE INS UNIVERSUM ZU SCHLAGEN!

Steve Jobs

Wie kann man Mitarbeiter so in Entscheidungsprozesse einbeziehen, dass man gleichzeitig auch das Gefühl hat, es bringt was und es entstehen echte Ergebnisse? Wie kann man Mitarbeiter mitnehmen und zwar so, dass es insgesamt auch effizient ist?

Der größte Magnet für Mitarbeiterbegeisterung ist aus unserer Sicht die gemeinsame Jahreszielplanung, die als Tagung oder Führungsmeeting im Führungskreis stattfindet. Wird der Jahreszielplan anhand kurzer Workshops pro Abteilung oder Projektteam vorbereitet, schlägt man gleich drei Fliegen mit einer Klappe:

1. Alle Mitarbeiter sind in den Denkprozess integriert, auch wenn sich zur Jahreszielplantagung selbst dann der Führungskreis trifft.
2. Die Vorbereitung ist aufgeteilt und hängt nicht zu 100 Prozent beim Chef. Sie nutzen das Kunden-Wissen und die Ideen der Mitarbeiter.
3. Die inhaltliche Vorbereitung der Jahreszielplantagung ist qualitativ hochwertig. Sie werden auf der Tagung selbst echte Ergebnisse erzielen können.

Ziel ist, dass jede Abteilung beziehungsweise jedes Projektteam eine Analyse der Ist-Situation und einen Maßnahmenplan erarbeitet und diesen dann den anderen vorstellt. Als Methode eignet sich besonders gut die SWOT-Analyse. Sie ist leicht verständlich und bringt schon bei der erstmaligen Anwendung Lerneffekte und Erkenntnisse. Man kann direkt Ziele und Umsetzungsmaßnahmen ableiten.

SWOT-Analyse und Maßnahmenplan je Abteilung/ Projektteam

Ein super pragmatisches und wertvolles Instrument zur Positionsbestimmung und Strategieentwicklung: Die SWOT-Analyse. Im Grunde ist es ganz einfach, man benennt die Stärken und Schwächen aus interner Sicht sowie die Chancen und Risiken aus Marktsicht.

Analyse der Stärken (Strengths)

Fragen Sie Ihre Mitarbeiter nach den Stärken kommt beim ersten Mal oft lange nichts. Man merkt, dass das Bewusstsein für die Stärken erst gebildet werden muss. Es ist elementar für alle zu wissen, was die Stärken sind. Nur dann kann eine Strategie entwickelt werden, wie die Stärken erhalten oder gar verstärkt werden können, falls Sie ein Alleinstellungsmerkmal darstellen.

Zweitens können Stärken dazu genutzt werden, um Schwächen zu bearbeiten, Chancen zu nutzen und in Cash zu verwandeln oder Bedrohungen für das Unternehmen zu minimieren. Das heißt, in den Stärken steckt das Potenzial, um hinterher sinnvolle Verbesserungs- und Handlungsmaßnahmen zu erarbeiten.

Leitfragen:
- Welche Faktoren führen zum Erfolg?
- Worin sind Sie besser als alle anderen?
- Worin sehen andere Ihre Stärken?
- Was ist das Alleinstellungsmerkmal, das schlagende Verkaufsargument?

Stärken können sein: Innovative Produkte, qualifizierte Mitarbeiter, techno-logisches Know-how, guter Standort, niedrige Fixkosten et cetera.

Analyse der Schwächen (Weaknesses)

Absolut essenziell: Schwächen erkennen und einordnen, welchen Einfluss sie auf Ergebnisse oder Zusammenarbeit haben. Ist dieser gering, kann man sie vernachlässigen. Ist dieser allerdings groß, sollten dringend Maßnahmen entwickelt werden, die Schwächen auffangen oder in Ressourcen wandeln.

Leitfragen:
- Was läuft nicht so gut? Was fehlt?
- Worin ist unsere Abteilung/das Unternehmen schwach?
- Warum gehen Aufträge an den Wettbewerber verloren?
- Welche Schwachpunkte gilt es auszubügeln und künftig zu vermeiden?

Schwächen sind: Faktoren und Merkmale, die für das Unternehmen im Wett-bewerb ein Nachteil sind. Zum Beispiel geringe Finanzkraft, Größe des Unternehmens (zu klein/zu groß), Abhängigkeit von Partnern, kein eigener Vertrieb, kein professionelles Marketing, keine Qualitätsstandards et cetera.

Analyse der Chancen (Opportunities)

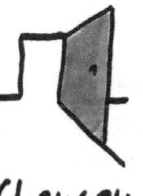

Chancen sind Faktoren oder Entwicklungen im Umfeld oder Markt, die für das Unternehmen ein Vorteil sein können oder aus denen Potenziale erwachsen können. Zum Beispiel: Trends in der Gesellschaft, Verände-rung im Kundenverhalten, technologische Entwicklungen aus denen für das Unternehmen neue Produkte, Produktverbesserungen, mehr Ab-satz oder mehr Umsatz abgeleitet werden können.

Leitfragen:
- Welche guten Chancen gibt es aus Ihrer Sicht?
- Welcher interessanten Trends sind Sie sich bewusst?
- Welchen Einfluss haben gesellschaftliche Entwicklungen?
- Welche lokalen Ereignisse sind von Interesse und bieten Ihnen Chancen?

Analyse der Bedrohungen (Threats)

Chancen, die sich bieten oder aktuelle Dienstleistungen/Produkte des Unternehmens können durch attraktive Angebote von Wettbewerbern oder durch technologische und wirtschaftspolitische Veränderungen gefährdet sein. Es gilt diese Risiken klar zu benennen und möglichen Bedrohungen ins Auge zu sehen. Manchmal reicht es aus, Risiken zu beobachten, so dass man schnell reagieren könnte. Aber manchmal kommt auch der Moment, wo geeignete Gegenmaßnahmen eingeleitet werden müssen.

Risiken können Gesetzesänderungen sein wie zum Beispiel Anhebung des Mindestlohns, neue Brandschutzauflagen oder Datenschutzrichtlinien, die plötzlich einen riesigen Mehraufwand bedeuten. Dies muss mit den betreffenden Mitarbeitern gut geklärt und eine Strategie zum Umgang mit dem Thema entwickelt werden. Das beste Mittel gegen Angst ist immer noch, etwas aktiv zu tun.

Eine SWOT-Analyse kann für ein Team eine echte emotionale Reinigung darstellen. Endlich werden Stärken oder besondere Leistungen vom Chef mal gesehen oder es können Ängste und Bedenken besprochen werden.

Wir haben auch schon oft erlebt, dass dem Chef die Dimension, die manche Themen für Mitarbeiter bedeuten, gar nicht bewusst war und im Workshop erstmalig echtes Verständnis entstand.

Leitfragen:
- Was ändert oder entwickelt sich beim Wettbewerb?
- Welche Hindernisse beziehungsweise Risiken stehen im Weg?
- Ändern sich Vorschriften, Produkte oder Dienstleistungen?
- Welche Schwierigkeiten hinsichtlich der gesamtwirtschaftlichen Situation oder Markttrends liegen vor?

Leiten Sie anhand dieser Reflexion nun Ziele und Verbesserungsmaßnahmen ab.

Die Jahreszielplantagung

Der große Moment ist da, die Aufregung oft mega! Der Start der Tagung gehört Ihnen als Unternehmer. Jetzt ist der Moment für Ihre Show, denn schließlich wollen auch Sie Ihre Führungskräfte begeistern und für das nächste Jahr emotional aufladen. Also hier ist Ihr Moment für:

- einen Rückblick auf die Highlights und größten Errungenschaften des letzten Jahres.
- die Präsentation Ihrer neuen Ideen, eines neuen Produktes, einer neuen Marketingkampagne oder der geplanten Investitionen.

Durch die Workshops wurde die Jahreszielplantagung perfekt vorbereitet. Jetzt ist es Aufgabe der Führungskraft beziehungsweise des Abteilungsleiters die Ergebnisse seines Team-Workshops zu präsentieren. Hier geht es einerseits um die abteilungsübergreifende Information – manche Führungskraft bekommt erst hier mit, was in anderen Abteilungen gerade Thema ist! Andererseits findet durch die Präsentation des Maßnahmenplans auch eine Bewusstwerdung bei der Führungskraft statt. Es steht schwarz auf weiß da, was die aktuelle Lage der Abteilung ist und was in der Abteilung im nächsten Jahr an Zielen und Maßnahmen umgesetzt werden soll. In der Regel beginnt dadurch schon innerlich die Planung: Die ersten Ideen entstehen, wer was und wie machen könnte, einiges wird sogar schon gestartet. Oft werden bei der Jahreszielplantagung bereits erste Ergebnisse gezeigt. Diese Dynamik reißt wiederum andere Teammitglieder mit, die sonst Bedenken oder Zeitmangel vorschieben.

Präsentation der Teamleiter

Wir haben gute Erfahrungen damit gemacht, sich für die Präsentationen der einzelnen Abteilungen Zeit zu nehmen. Gewünscht sind hier Verständnisfragen von Seiten des Chefs oder der anderen Führungskräfte, um die Themen auch richtig zu verstehen. Teamgefühl entsteht durch gegenseitiges Interesse und Verständnis. Hauptsächlich geht es hier aber darum, jetzt im Brainstorming der Führungsriege pro Abteilung oder Produkt gemeinsam weitere Maßnahmen zu entwickeln und zu ergänzen. Nach der abteilungsinternen Analyse kommt jetzt die erweiterte Perspektive aus den anderen Abteilungen dazu. Eine Best Practice Struktur zur Differenzierung der Ziele ist:

- Unternehmensziele
- Quantitative Ziele je Abteilung
- Qualitative Ziele je Abteilung
- Marketingziele/-maßnahmen
- HR-Ziele/-Maßnahmen (für Mitarbeiter oder Auszubildende)
- Support GF/Maßnahmen

Die Wirkung von klaren Zielen ist auf jeden Fall sicher:

Das Team zieht gemeinsam an einem Strang und in eine Richtung!

Wir haben schon erlebt, dass Teams sich dadurch selbst übertroffen haben. Denn es entstehen Synergieeffekte und eine Teamdynamik, die man vorher als Unternehmer gar nicht auf dem Schirm haben konnte. Eins unserer Lieblingsbeispiele ist das eines Rezeptionsteams, das im Vorjahr im Monat Dezember 700 Übernachtungen verkauft hatte. Als neue Zielzahl setzte sich das Team 850! Schon das ist ein Knaller-Effekt! Die Teams entwickeln Ehrgeiz, sie werden mutig! Die Zielzahl wurde im Backoffice fett ausgehangen. Was ist passiert? Natürlich haben Sie sich eine Zielzahl pro Tag ausgerechnet.

Natürlich hat der Frühdienst seinen Verdienst als erste Info des Tages an den Spätdienst weitergegeben und damit auch dessen Tagesauftrag: »Wir haben schon 27 heute, du musst heute also noch 13 machen!« Natürlich hat der Spätdienst sich ins Zeug gelegt und selbst jeden Anruf für eine Wellnessbehandlung für den Zusatzverkauf eines Hotelzimmers genutzt. Und natürlich hat der Spätdienst, als er die 13 geknackt hat, per WhatsApp den Frühdienst sofort informiert. Und so springt die Motivationswelle ganz von allein im Team auf alle über. Dieses Team hat mit 862 verkauften Übernachtungen die ambitionierte Zielzahl sogar noch knapp übertroffen!

Zum Führungskreis gehören in der Regel Abteilungsleiter und stellvertretende Abteilungsleiter, plus alle Mitarbeiter mit Verantwortung an Schlüsselstellen wie zum Beispiel Controlling oder Qualitätsmanagement. Für einen Riesen-Motivationsschub sorgen Sie, wenn Sie auch eine Wildcard für einen Azubi oder BA-Studenten rausgeben!

Team-Booster
Die Universität St. Gallen (Bruch/Fischer 2014) hat eine tolle Metapher mit großer Wirkung entwickelt. Dabei werden jeweils der »Drachen« und die »Prinzessin« für das Geschäftsjahr definiert.

Drachen
Steht symbolisch für ernsthafte Risiken oder Bedrohungen für das Unternehmen oder eine einzelne Abteilung. Das könnte zum Beispiel eine große Baumaßnahme sein oder der Wechsel eines Abteilungsleiters. Es geht darum, dass Risiken auch als solche klar angesprochen werden und eventuell schon Gegenmaßnahmen entwickelt werden können. Achten Sie darauf, dass es auch wirklich ein echter Drachen ist und hier nicht eine Mücke zum Elefant gemacht wird.

Prinzessin

Steht symbolisch für ein Wunsch- oder Traumziel, dass Sie in diesem Jahr erreichen wollen. Das könnte zum Beispiel eine Zertifizierung sein, ein Award oder eine Auszeichnung. Sie definieren ein Ziel, auf das sich alle freuen und bei dem viele mitwirken können. Auch hier gilt: Erst wenn das Ziel gesetzt ist, besteht eine Chance, es auch erreichen zu können.

Damit wären wir beim Finale – Ihre Zielewand und Ihr Maßnahmenplan stehen, Drachen- und Prinzessin sind benannt, der abteilungsübergreifende Austausch ist auf dem Höchststand, CHECK!

Eigentlich könnten Sie als Unternehmer nach der Jahreszielplanungstagung in den Urlaub fahren – die Roadmap fürs Jahr steht!

IMPULS 6: WARTUNGSVERTRAG MITARBEITER: AKTIVIEREN SIE DIE POSITIVE ENERGIESPIRALE!

Wie viele Wartungsverträge haben Sie in Ihrem Unternehmen eigentlich genau abgeschlossen? Firmenwagen, Bürogeräte wie Kopierer und Co, Produktionsmaschinen – da kommt sicher einiges zusammen. Uns ist klar, dass sie sich durch täglichen Gebrauch abnutzen und dass sie regelmäßig vom Fachmann gewartet und gepflegt werden müssen, um voll leistungsfähig zu bleiben. Das dafür Kosten anfallen, ist akzeptiert. In diesen sauren Apfel müssen wir halt beißen.

Doch wie ist das eigentlich mit unseren Mitarbeitern? Auch die stemmen täglich ihre acht Stunden oder mehr, auch die erleben Höchstbelastungen oder fahren über längere Zeiträume hochtourig. Wobei hochtourig nicht bedeutet mit hohem Output, es bedeutet vor allem mit hohem Kraftaufwand. Und das kann auch passieren, wenn wenig los ist, es aber zum Beispiel Dauerkonflikte mit Kollegen gibt. Oder wenn ein Mitarbeiter ein hohes Motiv nach Anerkennung hat, aber keine bekommt. Ganz selbstverständlich gehen wir davon aus, dass unsere Mitarbeiter genau wissen, wo ihr Reset-Knopf ist und was bei ihnen die Wirkung eines Ölwechsels hat. Leider ist dem nicht so. Oft schleppen sich Mitarbeiter lange mit Problemen herum, bevor sie sich damit an ihre Führungskraft wenden. Oft wird kaum über persönliche Bedürfnisse, wie zum Beispiel Anerkennung, offen mit der Führungskraft gesprochen. Manchmal liegt das an den Mitarbeitern selbst. Sie können vielleicht ihr Bedürfnis gar nicht richtig wahrnehmen. Der Mitarbeiter liegt dann in seinem emotionalen Reifegrad unter der sogenannten Wahrnehmungsschwelle. Und manchmal nehmen Menschen ein Bedürfnis zwar deutlich wahr, können es aber nicht in die richtigen Worte fassen. Dann liegt der Mitarbeiter unter der sogenannten Sprachschwelle.

Aufgabe der Führungskraft ist es, den Mitarbeiter zu führen. Gut, dass hieße dann also zuallererst mal, ihn zu verstehen. Dazu müsste man ihn, je nach Situation, manchmal auch über die Wahrnehmungsschwelle oder über die Sprachschwelle bringen. Erst dann wäre klar, wo der Mitarbeiter gerade steht, wie er sich fühlt, was ihn beschäftigt. Nun könnte es aber auch der Fall sein, dass der Mitarbeiter sehr wohl offen und konstruktiv kommunizieren kann, aber nicht gehört wird. Sein Leistungstief liegt dann vielleicht daran, dass die Führungskraft nicht wahrnimmt, dass es ein Thema gibt welches ihn stark beeinflusst. Vielleicht hat die Führungskraft in Meetings nicht so genau auf die Signale von Seiten des Mitarbeiters geachtet, vielleicht hat sie einfach nur eine übervolle Agenda.

Und genau diese beiden Phänomene »nicht gesagt« oder »nicht gemerkt« würden wir durch einen »Wartungsvertrag Mitarbeiter«, also einer systematischen und qualitativ guten Gesprächskultur, ausschließen. Genau da würde eine gelebte Feedback-Kultur, mit verbindlich festgelegten Terminen für Mitarbeitergespräche in denen die Führungskraft tatsächlich aktiv zuhört, greifen. Und genau in diesem Moment könnte pro-aktiv an den entsprechenden Stellschrauben gedreht werden und zwar bevor das berühmte Kind in den Brunnen gefallen ist!

Wie genau kann das nun in der Praxis aussehen? Was ist das Wichtigste, was wir für den Aufbau einer Gesprächskultur brauchen?

Wir brauchen einen Plan, der wie ein klassischer Wartungsvertrag regelmäßige Gespräche und Feedbacks sicherstellt. Sodass der Mitarbeiter weiß, wann und wo er seine Themen auf jeden Fall ansprechen kann – auf die sich der Mitarbeiter also auch vorbereiten kann. Das gibt Sicherheit und erzeugt ein Gefühl von Wertschätzung. Maschinen bekommen regelmäßig Updates, um sicherzustellen, dass sie funktionieren – Mitarbeiter brauchen regelmäßig Feedback, damit sie motiviert bleiben.

Der Personalführungsplan

Wenn Sie Mitarbeitern qualifiziert Feedback zu ihrer Leistung geben möchten, brauchen Sie zu allererst mal klar definierte Ziele und Erwartungen. Dazu dient zwei Mal im Jahr das Entwicklungsgespräch. Es hat die Funktion eines Leuchtturms: Die darin gemeinsam festgelegten Ziele sind der Fixpunkt, auf den der Mitarbeiter zusteuert. Auch im Trubel des operativen Geschäfts leuchten die höheren Entwicklungsziele dem Mitarbeiter klar den Weg!

Das Unternehmensleitbild und die vereinbarten Ziele aus dem Entwicklungsgespräch sind die Leitplanken für den Mitarbeiter. Innerhalb der sechs Monate erhält der Mitarbeiter alle sechs bis acht Wochen Feedback zu seinen Entwicklungsschritten. Weitere Führungsimpulse können ein Abteilungs- oder Teammeeting sein oder ein Emotionales Andock-Gespräch, wenn der Mitarbeiter aus Urlaub, freien Tagen, einer Weiterbildung oder nach Krankheit zurückkommt. Hier geht es darum, kurz auf der Beziehungsebene in Resonanz zu kommen und einen aktuellen persönlichen Eindruck zu gewinnen. Sobald man mehr als zehn Mitarbeiter zu begleiten hat, lohnt sich dafür ein Personalführungsplan, der hilft, den Überblick zu behalten. Man notiert einfach kurz das Datum und die Gesprächsart, die man angewendet hat und ordnet sich seine Notizen entsprechend chronologisch dahinter. So können diese als Vorlage für das nächste Gespräch dienen.

	Jan.	Feb.	März	Apr.	...
Klaus		☺			
Petra	⊙		⚡		
Mike				♥	

♥ = Emo-Andock-Gespräch   ⊙ = Zielvereinbarungsgespräch
⚡ = Kritikgespräch   ☺ = Lob-/Anerkennungsgespräch

Das Entwicklungs- und Zielvereinbarungsgespräch

Für das Entwicklungs- und Zielvereinbarungsgespräch macht es auf jeden Fall Sinn, mit einem Leitfaden zu arbeiten. Der Vorteil ist: Auch der Mitarbeiter bereitet sich anhand des Leitfadens auf das Gespräch vor und schätzt sich selbst ein. Dadurch bekommt das Gespräch eine ganz andere Qualität. Es wird klar, zu welchen Themen es einen Unterschied in der Selbst- und Fremdwahrnehmung gibt. Die Führungskraft kann vom Mitarbeiter vorgenommene Bewertungen korrigieren oder eigene Einschätzungen relativieren. Hier werden oft Missverständnisse aufgedeckt. Geschieht dies in einer ruhigen, angenehmen Atmosphäre können Themen auch wirklich abgeschlossen und losgelassen werden. Ein weiterer Vorteil eines Leitfadens ist, dass sich alle Mitarbeiter gleich behandelt fühlen. Wenn alle Mitarbeiter einheitlich zwei Entwicklungsgespräche im Jahr haben, ist das gerecht. Wenn Gespräche dagegen willkürlich durchgeführt werden und immer der gehört wird, der am lautesten schreit oder aus seinem Problem das größte Drama macht, empfinden das gerade viele der kompetenten Mitarbeiter als ungerecht. Nur weil man seine Probleme gut selbst lösen kann, heißt das nicht, dass man keine Wertschätzung braucht. Aber gerade hier besteht die Gefahr, dass uns diese Mitarbeiter im Eifer des Gefechts einfach durchrutschen.

Sinn und Zweck:
- Professionelles Feedback zu Leistung und Verhalten
- Anerkennung durch die Führungskraft
- Gegenseitiger Informationsaustausch
- Gemeinsame Analyse der aktuellen Situation
- Aufklärung von Missverständnissen
- Vereinbarung von Lösungen und Zielen

Die große Chance einer systematischen Gesprächskultur liegt darin, dass in ruhigeren Zeiten Vertrauen aufgebaut und Transparenz geschaffen wird. In den Leitfaden gehören auf jeden Fall Leitfragen zu den vier klassischen Themenfeldern der Personalentwicklung, in denen jeweils der Engpass liegen kann:

Wissen – Können – Wollen – Dürfen

In Zukunft ist es allerdings entscheidend, dass Sie als Unternehmer und Führungskraft Ihre Mitarbeiter von Ihrer Vision begeistern, Sie von Ihren Zielen überzeugen und mit auf den Weg nehmen. Daher müssen zwei weitere Handlungsfelder ergänzt werden: *Spirit* und *Team*.

 Den *Leitfaden Entwicklungsgespräch* finden Sie als Download auf: *www.eulzer-und-puetter.rocks*

Der Wartungsvertrag Mitarbeiter stellt sicher, dass Ihre Mitarbeiter in der positiven Energiespirale bleiben und immer wieder in die produktive Energie gebracht werden. Jedes Mitarbeitergespräch, in das Sie Ihre Unternehmer-Energie stecken, zahlt auf den Energiezustand Ihres Unternehmens ein!

Sehr hilfreich ist dafür das Modell der Energiezustände in Unternehmen der Universität St. Gallen (Bruch/Fischer 2014). Dreh- und Angelpunkt ist die »Kraft, mit der ein Unternehmen zielgerichtet Dinge bewegt. Die Unternehmens-Energie zeigt sich im Fühlen, Denken und Handeln der Mitarbeiter.«

JEDES MITARBEITERGESPRÄCH IST EINE CHANCE, IHREM UNTERNEHMEN SPIRIT EINZUHAUCHEN UND IHRE MITARBEITER ANZUZÜNDEN.

IE

Dabei werden die unterschiedlichen Ausprägungszustände der organisationalen Energie anhand der Dimensionen »Intensität« und »Qualität« beschrieben: »Mit Intensität ist gemeint, in welchem Ausmaß ein Unternehmen seine Energie aktiviert. In Unternehmen mit hoher Energie sind die Mitarbeiter stark engagiert und tragen aktiv zum Unternehmenserfolg bei. Die Qualität der Energie beschreibt, mit welcher Absicht ein Unternehmen seine Energie einsetzt und wie die Energie gerichtet ist: positiv oder negativ.«

Produktive Energie: Diese Energie ist ein Energieschenker. Intensive positive Gefühle wie Begeisterung und Stolz stehen an der Tagesordnung. Die Mitarbeiter sind engagiert, Informationen werden eingefordert und ausgetauscht. Es besteht eine hohe Bereitschaft zu Veränderung und Innovation.

Tipp für Ihr Mitarbeitergespräch:
• Bestätigen und loben Sie konkrete Projekte oder Aufgaben!
• Geben Sie dem Mitarbeiter eine Mentoren-Rolle!

Angenehme Energie: Die Mitarbeiter sind zufrieden und fühlen sich wohl. Ein angenehmes Betriebsklima wird gepflegt, es werden gute Leistungen erbracht. Achtung: Wenn die produktive Energie im Unternehmen geringer ist als die angenehme, lauert hier die Trägheitsfalle!

Tipp für Ihr Mitarbeitergespräch:
• Vereinbaren Sie attraktive Ziele, locken Sie den Mitarbeiter aus der Reserve!
• Erhöhen Sie die Intensität Ihrer Führungsimpulse!

Resignative Trägheit: Das Verhalten der Mitarbeiter ist durch Gleichgültigkeit und mangelndes Interesse am Unternehmen gekennzeichnet: Es wird Dienst nach Vorschrift gemacht.

Tipp für Ihr Mitarbeitergespräch:
- Feedback geben, was das Verhalten auslöst und Ursachen dafür klären!
- Aufgaben, Verantwortungen und Rollen des Mitarbeiters so ändern, dass diese seinen Stärken und Talenten entsprechen!
- Vermitteln Sie dem Mitarbeiter, weshalb sein Beitrag für das Unternehmen wichtig ist!

Korrosive Energie: Hier werden aktivierende Kräfte destruktiv missbraucht. Dies kann die Sabotage von Veränderungsprozessen sein oder offen ausgelebte negative Gefühle wie Aggression oder Wut. Dadurch besteht selbst bei unbedeutenden Themen hohe Eskalationsgefahr. Mitarbeiter verfolgen überwiegend eigene Interessen, oftmals auf Kosten des Unternehmens.

korrosive
Energie

Tipp für Ihr Mitarbeitergespräch:
- Stoppschild setzen und die Ursachen für Wut und Verärgerung klären.
- Gemeinsam eine Lösung für das neue Verhalten erarbeiten und Follow-up Termin zur Kontrolle vereinbaren! Ziel ist die intensive Energie wieder in die richtigen Bahnen zu lenken und auf einen konstruktiven Weg zu bringen.

Diese Energie hat eine hohe Ansteckungsgefahr, kann also ganze Bereiche lahm legen. Wenn Sie hier nicht schnell eine Besserung erleben, gilt: Schadensbegrenzung! Beantworten Sie sich folgende zwei Fragen, dann wissen Sie, was Sie tun müssen:

- Würden Sie diesen Mitarbeiter wieder einstellen?
- Wären Sie traurig oder hätten ein Problem, wenn er morgen kündigen würde?

Die Matrix *Energiezustände im Unternehmen* finden Sie als Download auf: *www.eulzer-und-puetter.rocks*

DIE MOBILISIERUNG DER ORGANISATIONALEN ENERGIE IST FÜHRUNGSAUFGABE.

TOP JOB-TRENDSTUDIE 2014

IMPULS 7: DIE SEHNSUCHT NACH STRUKTUR BEDIENEN!

Ein Unternehmen ist ein lebendiges System! Das heißt, es liegt in der Natur der Sache, dass es sich ständig weiterentwickelt und verändert. Und dies geschieht sowohl komplex – also vielschichtig-vernetzt – als auch dynamisch, heißt in ständiger Bewegung mit Schwung, Energie und manchmal sich selbst verstärkend. Verändern wir etwas in einem Bereich oder einer Abteilung zieht das oft Änderungen in anderen Abteilungen nach sich. Finden wir in einer Abteilung eine neue Lösung, erschafft das in einer anderen unter Umständen ein neues Problem. In Zeiten, in denen sich Produkte und ganze Geschäftsmodelle so radikal und schnell ändern wie wir es jetzt im Zuge der Digitalisierung erleben, kommt die steigende Komplexität auf Markt- und Kundenseite mit unbekannten Dynamiken im Gepäck verstärkend hinzu.

Somit verbringen wir einen Großteil unserer Arbeitszeit im emotionalen Zustand von Unsicherheit, müssen den Zustand des Nicht-Wissens aushalten. Dies führt zu einem immer stärkeren Bedürfnis nach etwas, dass sicher und stabil ist: Nach einem Fundament von Strukturen, die innerhalb der Organisation Halt und Orientierung geben. Die dabei helfen, immer wieder Dringendes von Wichtigem zu unterscheiden und die Prioritäten richtig zu setzen. Nach sinnvollen Regeln, die die Zusammenarbeit erleichtern oder Ritualen, die verbinden. Und vor allem nach Strukturen, die nicht zu starren Hierarchien führen oder Bürokratie und Verwaltungsaufwand erzeugen.

Was wir brauchen, sind schlanke Strukturen, die die nötige Sicherheit geben und gleichzeitig Veränderung und Weiterentwicklung ermöglichen. Nur so kann eine Organisation dauerhaft eine lernende Organisation bleiben, die auf neue Kundenbedürfnisse schnell reagieren und auf neue Mitarbeiter-Needs zeitnah eingehen kann. Wir müssen beides sicherstellen: so viel Struktur wie nötig, so viel Freiraum wie möglich!

Welche Strukturen machen Sinn?

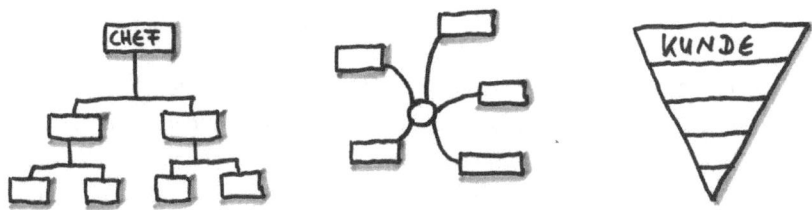

Ein Organigramm

Egal ob ein Organigramm eine Organisation als hierarchische Struktur in Pyramidenform oder als vernetzte Holacrazy-Struktur darstellt, entscheidend ist, dass Sie ein Organigramm haben! Das heißt eine Visualisierung oder ein Schaubild, das die Strukturen, die täglich in der Kommunikation und der Entscheidungsfindung in Ihrem Unternehmen gelebt werden, abbildet.

Ein Organigramm gibt dem Mitarbeiter Klarheit, wo er steht, wem er Feedback gibt (in Konzernen sagt man auch »an wen er zu berichten hat«) oder wen er anzuleiten hat. Und es gibt dem Team Klarheit, wer der richtige Ansprechpartner für welches Thema ist.

Ob für Ihr Unternehmen eine hierarchische Struktur sinnvoller ist als eine vernetzte Team-Struktur, hängt vom Reife- und Bewusstseinsgrad der Mitarbeiter und Organisation ab.

Die klassische, hierarchische Pyramidenstruktur hat eindeutig Vorteile: Es ist glasklar, wer für welchen Bereich die Verantwortung trägt, die Entscheidungen trifft und die Anweisungen gibt. Bei schwierigen Entscheidungen kann der Unternehmer oder ein Manager das Machtwort sprechen und sagen: »So machen wir's jetzt!« Es muss auch nicht ständig jeder seine Position neu verhandeln: Die Positionen, die daran gekoppelten Aufgabenbereiche und Gehälter stehen fest. Das sorgt für Orientierung und spart immer wiederkehrende zeitaufwendige Diskussionen. Hierarchische Organisationen sind weniger konfliktanfällig, Mitarbeiter können ihre Ressourcen effektiver nutzen. Hier wirkt der systemische Grundsatz:

»Hierarchie schafft Klarheit und reduziert Unsicherheit.«

Die Kehrseite sind allerdings die häufig mit der Zeit wachsenden Machtansprüche. War man so und so lange in der Position des Stellvertreters, erwartet man fast automatisch, die Rolle des Abteilungsleiters zu bekommen, wenn diese frei wird. Oft erleben wir auch kuriose Sonderlösungen, wenn zum Beispiel Kollege Meier im Organigramm zwischen Führungsebene eins und zwei geparkt wird, weil er für eine eigene Führungsposition in der zweiten Riege nicht geeignet ist. Da er aber jahrelang dem Chef gut zugearbeitet hat, kann man ihn jetzt nicht in die dritte Riege schieben, also bekommt er eine Sonderposition. Damit diese keiner in Frage stellt, wird sie kurzerhand direkt beim Chef angehangen. Gerne werden dann sogenannten Stabstellen vergeben.

Irgendwann bemerkt man dann, dass die Power in der Organisation fehlt. Selbst erschaffene Pöstchen von den oberen Führungsetagen und zusammengemauschelte Organigramme haben dann nicht mehr den Effekt, den sie ursprünglich hatten: Anstatt für Klarheit und Orientierung zu sorgen, erzeugen sie Demotivation und Frust.

Die entscheidende Frage welche Intervention aktuell die richtige für Ihr Unternehmen ist, ist immer: *»Was ist für die Organisation am besten?«*

Also nicht für die Führungskraft, die gern ihre Zöglinge im Organigramm oben stehen sehen will, nicht für Abteilungsleiter Müller, der, weil er zwanzig Jahre da ist, nun eine Ebene höher befördert werden möchte, sondern einzig und allein für die Organisation!

HIERARCHIE SCHAFFT KLARHEIT UND REDUZIERT UNSICHERHEIT.

SYSTEMISCHER GRUNDSATZ

Herrscht gefühltes Chaos was Zuständigkeiten betrifft, wird viel Zeit für Diskussionen um Aufgabenverteilung und Verantwortungen verschwendet? Dann erstellen Sie ein klassisches, hierarchisches Organigramm und besprechen Sie mit Ihren Mitarbeitern genau Ihre Erwartungen an die Positionen der Hierarchie-Ebenen. Kombinieren Sie diese Mitarbeitergespräche direkt mit dem Erstellen der Verantwortlichkeiten-Liste (siehe unten), dann sind gleichzeitig Handlungs- und Entscheidungsspielräume abgesteckt. So haben Mitarbeiter die Chance, richtig loslegen zu können.

Der Schlüssel liegt in der Kombination der Klärung der Position im Organigramm und der dazugehörigen Verantwortungsbereiche beziehungsweise Zuständigkeiten.

Klar definierte Verantwortungsbereiche

Leider hat die Stellenbeschreibung als Instrument in der Praxis versagt: Ellenlange Tätigkeitsbeschreibungen liest sich nie wieder einer durch. Wesentlich effizienter ist es, die Verantwortungen oder Zuständigkeiten mit einem Schlagwort zu definieren und Schnittstellen zwischen zwei Mitarbeitern genau abzugrenzen. Schnelle Klärung bringt die Vier-Fragen-Technik:

1. Welche Aufgaben mache ich, was gehört zu meinen Verantwortungen?
2. Was mache ich mal ja, mal nein und muss geklärt werden?
3. Was möchte ich in Zukunft neu übernehmen oder mehr machen?
4. Was möchte ich gern abgeben oder weniger machen?

Wichtig im Umgang mit Mitarbeitern der neuen Generationen: Beziehen Sie Hobbys, Stärken und Talente ein! Warum soll ein Mitarbeiter, der privat gern fotografiert oder ein Social-Media-Freak ist, sein Können nicht auch im Betrieb einsetzen? Heben Sie die Schätze Ihrer Mitarbeiter! Sie können dem noch eins draufsetzen, indem Sie diese individuellen Zuständigkeiten auf Namensschildern, im Organigramm, auf Ihrer Website oder in Social Media bewusst platzieren.

Hier ein Beispiel für eine ganz schlanke Lösung zum Thema »Verantwortlichkeiten und Zuständigkeiten Backoffice« innerhalb eines Unternehmens aus dem Handwerk. Besonderheit: Die Stelle Buchhaltung wurde auf eine Halbtagsstelle erhöht. Daher können nun Verantwortungen aus dem Verkauf nach und nach übergeben werden. Dies wurde verbindlich mit Terminen festgelegt. Sind diese übergeben, werden sie bei Verkauf rausgenommen.

Verantwortungsbereich Handwerks-/Fliesenlegerbetrieb

Geschäftsleitung Herr Müller	Produktionsleitung Herr Kart	Vertriebsleitung Herr Waldmann	Verkauf Frau Unger	Buchhaltung Frau Pauly
Vision/Strategie Investitionsplanung	Fertigungsarbeiten Naturstein	Neukunden-Akquise	Beratung Fliesen und Natursteine	Buchungen Löhne
Akquise/Marketing Verkauf	Montagen, Aufmaß	Kundenbetreuung	Mahnwesen bis Ende 03/2017	Mahnwesen ab Ende 04/2017
Personalrekruiting MA-Gespräche	Instandhaltung Maschinen	Ausstellung: Beratung, Ordnung, Sauberkeit	Rechnungen bis Ende 05/2017	Rechnungen ab Ende 06/2017
Aufbau NL Belgien	Ausbildung Azubis fachlich	Angebote schreiben und nachbearbeiten	Zahlungsverkehr bis Ende 08/2017	Zahlungsverkehr ab Ende 09/2017
	Fotos Facebook	Überwachung Azubis kaufmännische Ausbildung	Angebote, Rechnungen	

Strohfeuer und Einmal-Effekte

Damit es kein Strohfeuer bleibt, heißt es jetzt für Sie als Führungskraft oder Chef: dranbleiben! Wie? Das Thema »Q«, welches für Qualitätsmanagement, Verantwortungsbereiche, Ablauf-Definitionen et cetera steht, wird fester Bestandteil auf Ihrer Agenda bei Meetings und Mitarbeitergesprächen. Interessieren Sie sich dafür, fragen Sie nach! Wobei braucht ihr Unterstützung? Was sind die nächsten Schritte? Sorgen Sie dafür, dass sich der Q-Virus ausbreitet! Dies ist Ihr Führungsimpuls, der das System absichert.

Professionell Delegieren

Entscheidend ist, dass Sie nach der Definition der Verantwortungsbereiche, die Verantwortung auch tatsächlich an den Mitarbeiter abgeben! Manchmal muss da der Unternehmer oder die Führungskraft noch an sich arbeiten, damit es keine Pseudoverantwortlichkeit ist. Manchmal muss der Mitarbeiter sich noch dahin entwickeln, die Verantwortung auch wirklich zu 100 Prozent übernehmen zu können. Es gibt drei Abstufungen bei der Abgabe von Verantwortungen:

Stufe 1: 25 Prozent Delegation:

»Mach dir Gedanken und sag mir, wie du entscheiden würdest!«

Mitarbeiter:
- Recherchiert die Fakten
- Holt verschiedene Angebote A,B,C ein
- Erarbeitet jeweils Pro und Kontra, zieht sein Fazit
- Macht einen Vorschlag für die Entscheidung

Führungskraft:
- Trifft die finale Entscheidung
- Definiert die Umsetzungsschritte
- Übernimmt die Kontrolle

Stufe 2: 50 Prozent Delegation:

»Entscheide selbst! Gib mir Rückmeldung a) wie du entschieden hast b) wie es läuft!«

Mitarbeiter:
- Übernimmt nun auch die finale Entscheidung
- Definiert die Umsetzungsschritte
- Übernimmt einen Teil der Kontrolle

Führungskraft:
- Kann bezüglich der Entscheidung Veto einlegen
- Kontrolliert die Umsätze und prüft, ob Änderungen oder Konsequenzen notwendig sind

Stufe 3: 100 Prozent Delegation:
»Ich übergebe dir die Verantwortung. Handle und entscheide selbst!«

- Es wird gemeinsam festgelegt, wie und in welchem Umfang der Mitarbeiter der Führungskraft Feedback zu den wichtigsten Meilensteinen und Entwicklungen gibt.
- Die Führungskraft behält den strategischen Überblick zu den Ergebnissen und Kennzahlen.

Den *Leitfaden Delegationsstufen* finden Sie als Download auf:
www.eulzer-und-puetter.rocks

Klar definierte Prozesse

Damit ein Unternehmen zukunftsfähig ist, muss es so viele sich-selbst-organisierende-Prozesse wie möglich erschaffen. Sprich: Ein System entwickeln, dass jeden Geschäftsbereich in einem kontinuierlichen Verbesserungsprozess hält. Dazu durchleuchten Sie systematisch alle Prozesse und Abläufe. Das Besondere: Sie blicken durch die Kundenbrille! Sie bewerten aus Sicht des Kunden die erbrachte Leistung. Entspricht diese nicht der gewünschten Leistung, muss hierfür entweder:

- ein Qualitätsstandard entwickelt werden, der die internen Abläufe so sicherstellt, dass das Ergebnis dem Kundenwunsch entspricht. Diese werden im Q-Handbuch systematisch erfasst und sind jederzeit für alle Mitarbeiter zugänglich.
- eine Verbesserungsmaßnahme entwickelt werden, die diesen Zustand behebt und aus Kundensicht zufriedenstellend erfüllt.

Kundenbrille: Ihre Serviceketten

Stellen Sie sich vor, Sie wären Ihr Kunde. Wann entsteht der erste Kontakt? Durch Ihre Homepage? Oder einen Produktflyer? Welche weiteren Kontaktpunkte hat Ihr Kunde? Welche Abteilungen, welche Leistungsbausteine erlebt er? Was ist der letzte Kontaktpunkt zum Kunden?

Im ersten Schritt bilden Sie die gesamte Servicekette mit all ihren einzelnen Leistungselementen ab. Nehmen wir ein Beispiel aus dem Einzelhandel:

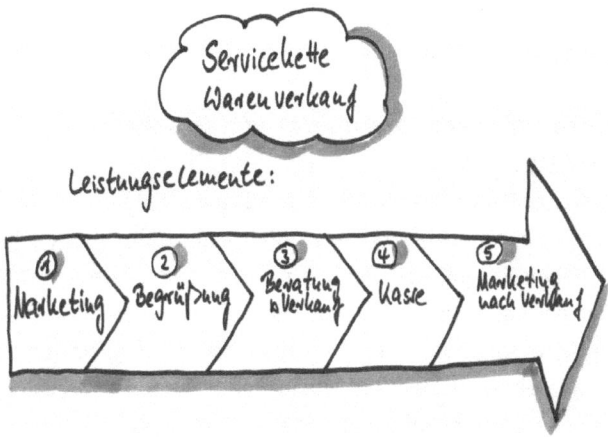

Im zweiten Schritt bearbeiten Sie jedes einzelne Leistungselement, indem Sie sich folgende Fragen stellen:
1. Was ist die Kundenerwartung?
2. Wie genau sieht unsere erbrachte Leistung aus, wie ist der Istzustand?
3. Wie genau soll die Leistung optimal aussehen, was ist die Kundenerwartung?
4. Was brauchen wir, um dahin zu kommen? Handelt sich um einen internen Ablauf? Hilft also ein Q-Standard? Welche Verbesserungsmaßnahme könnte helfen?

Dann legen Sie gemeinsam den Q-Standard fest oder entwickeln eine Verbesserungsmaßnahme.

Hier Beispiele für Serviceketten, aus dem Handwerk:
* Servicekette »Auftragsabwicklung«
* Servicekette »Verkauf Onlineshop«

Sowie aus der Hotellerie/Gastronomie:
* Servicekette »Hotel-Arrangement-Gast«
* Servicekette »Hochzeitsgast«
* Servicekette »Gourmetrestaurantgast«

Leuchtturm im Sturm des operativen Geschäfts: Qualitätsstandards

Wenn Mitarbeiter B in seiner Spätschicht dieselbe Aufgabe macht, wie Mitarbeiter A sie am Vormittag brillant erfüllt hat, sollte dabei idealerweise dasselbe Ergebnis in gleicher Qualität für den Kunden herauskommen. Das Produkt, das der Kunde erhält, egal ob Dienstleistung oder Ware, soll jeweils die gleiche hohe Qualität haben. Das Ergebnis sollte nicht von Tagesform oder gar Laune eines Mitarbeiters abhängen. Andererseits braucht auch der Mitarbeiter eine genaue Definition, wie er eine Aufgabe erfüllen soll und was genau zu tun ist. Mitarbeiter sollten nicht der Willkür des Unternehmers oder einer Führungskraft nach dem Motto »Heute will ich es so, aber morgen kriegst du genau dann, wenn du es so gemacht hast, einen Anschiss« ausgeliefert sein. Zum Glück gibt es dafür eine geniale Erfindung, die Q-Standards. Hier wird gemeinsam festgelegt, wie eine Leistung erbracht werden soll. Im Standard wird in Text und Bild definiert, wie das finale Ergebnis auszusehen hat, basta. Das spart vor allem Zeit: Es muss nicht jedes Mal neu darüber nachgedacht oder diskutiert werden. Eine neue Regel erzeugt zwar im ersten Moment oft Widerstand, werden die Regeln allerdings von den Mitarbeitern selbst und aus dem Arbeitsprozess heraus aufgestellt, werden sie schnell als Hilfe und echte Erleichterung im täglichen operativen Geschäft empfunden.

Alle Standards werden dann systematisch sortiert in einem Q-Handbuch zusammengefasst. Und damit dieses schön schlank bleibt, gilt:

- Ein Standard wir nur gemacht, wenn das Thema wirklich eine echte Baustelle und nicht mit einer einmaligen Maßnahme zu beheben ist!
- Das Q-Handbuch wird einmal im Jahr gecheckt: Standards werden angepasst, aussortiert oder es werden neue ergänzt!

Folgende Gliederung für das Q-Handbuch hat sich in der Praxis bewährt:

1. Allgemeine Standards
Hier gehören Standards hin, die *alle* Mitarbeiter des Unternehmens unabhängig von der Abteilung betreffen. Dadurch kriegen wir Transparenz in den Laden und die Instrumente, die Struktur geben, werden täglich genutzt und gelebt. Hier sind zum Beispiel drin:

1.1 Organigramm   1.5 Mitarbeiter-Outfit
1.2 Unternehmensleitbild   1.6 Zeiterfassung und Pausenregeln
1.3 Verantwortlichkeiten   1.7 IT-Richtlinie
1.4 Schulungsplan

2. Dienstleistungsstandards
In diese Rubrik kommen alle Standards, die für die Dienstleistung am Kunden oder Gast gelten. Nehmen wir mal das Beispiel eines Unternehmens aus dem Einzelhandel:

2.1 Begleitung Kunde   2.3 Warenausgabe Kasse
2.2 Warenvorbereitung Kasse   2.4 Umgang mit Reklamationen

Unterscheiden sich die kundenbezogenen Standards je Abteilung, wie zum Beispiel in der Hotellerie/Gastronomie, ist die Rubrik 2 »Dienstleistungsstandards« je Abteilung unterschiedlich:

Abteilung Service	Abteilung Rezeption
2.1 Mitarbeiter Outfit	2.1 Mitarbeiter Outfit
2.2 Set-up Hebelstube	2.2 Check-In
2.3 Set-up Wintergarten	2.3 Check-Out
2.4 Set-up Almstube	2.4 Abrechnung Kreditkarten
2.5 Aufbau Frühstücksbüfett	2.5 Umgang mit Fundsachen

3. Sicherheitsstandards

Hier ist der Platz für alle Standards, die die Sicherheit im Unternehmen regeln. Hierzu sind teilweise jährliche gesetzliche Schulungen vorgeschrieben. Da kann man ganz prima die wichtigsten Punkte, die alle Mitarbeiter beachten müssen, gemeinsam sammeln und direkt als Q-Standard festhalten. Das macht natürlich auch Nachschulungen für neue Mitarbeiter viel einfacher!

3.1 Allgemeine Sicherheitsstandards	3.4 Brandschutz
3.2 Wichtige Telefonnummern	3.5 Notfallplan
3.3 Erste Hilfe und Ersthelfer	

4. Hygiene-Standards

Hier gehören alle Standards rein, die Ordnung, Sauberkeit und Hygiene regeln. In manchen Branchen ist diese Rubrik natürlich umfangreicher, wenn zum Beispiel HACCP-Vorschriften zu beachten sind.

4.1 Ordnung/Sauberkeit Verkaufsräume	4.4 Desinfektionsplan Geräte
4.2 Reinigungsplan Lager/Keller	4.5 Mülltrennung und Entsorgung
4.3 Reinigungsplan Personalräume	

Ein *Muster Q-Standard* finden Sie als Download auf:
www.eulzer-und-puetter.rocks

3.

VERÄNDERUNG ALS DAUERZUSTAND – YES WE CAN

Globalisierung, demografischer Wandel, neue Technologien – der Struktur-wandel der Wirtschaftswelt ist radikal und rasend schnell. New Work und Arbeitswelt 4.0 sind die neuen Megatrends. Und ob wir wollen oder nicht, läuten diese eine Ära neuer Arbeitsorganisation ein: Aus starr wird agil, aus analog wird digital, aus evolutionärer Entwicklung wird disruptiver Wandel. Es wurde sogar eigens eine Bezeichnung dafür erschaffen: Die VUKA-Welt. VUKA steht für Volatilität, Unsicherheit, Komplexität und Ambiguität. Prag-matisch ausgedrückt: Eine Welt die schwankend-flüchtig, unsicher, komplex und mehrdeutig ist. Umstrukturierungen, Fusionen von Unternehmen oder der seit einiger Zeit verstärkte Hierarchieabbau stehen auf der Tagesordnung. John P. Kotter, Professor für Führungsmanagement an der Harvard Business School und Vordenker im Change Management, untersucht seit Jahren, wie Unternehmen große Umwälzungen und Veränderungen bewältigen. Er geht davon aus, dass sich »das Tempo der Veränderungen weiterhin beschleunigen wird«. Mit anderen Worten: Change wird zum Dauerzustand!

Aus dieser Perspektive heraus macht es großen Sinn, sich als Unternehmer und Führungskraft mit Methoden vertraut zu machen, wie Veränderungspro-zesse erfolgreich aufgesetzt, gestaltet und begleitet werden können. Wie man professionell mit Widerstand umgehen und agiler handeln kann. Wie man Organisationsstrukturen aufbrechen und flexibler machen kann. Und: Was genau Führung 4.0 bedeutet. Denn die Arbeitswelt von morgen wird offener und weniger berechenbar sein. Sie braucht Mitarbeiter, die Verant-wortung übernehmen, sich selbst organisieren und vorausdenken. Um dies zu fördern und zu erreichen, müssen Führungskräfte anders führen. Sie müssen sich als Impulsgeber verstehen und über ein wesentlich größeres Repertoire an Methoden verfügen.

Und so wie es in der Musik immer mal wieder ein neues Genre gibt, wie zum Beispiel Hip-Hop oder Techno, so ist für Unternehmer plötzlich ein ganz neues Genre entstanden, das sie kennen sollten: Der Bereich »Organisations-entwicklung«. Kam man bisher damit zurecht, Coachings und Trainings für Mitarbeiter anzubieten, braucht man heutzutage Know-how im Themenfeld

Organisationsentwicklung. Denn nur durch den Blick der OE-Brille und mithilfe von Methoden aus der Organisationsentwicklung können die Themen, die jetzt auf Unternehmen zukommen, erfolgreich angegangen werden.

Entdecken Sie Methoden aus der Organisationsentwicklung, mit deren Hilfe Sie wertvolle Impulse in Ihrem Unternehmen setzen können!

Betritt einfach die erste Stufe
der Treppe mit Vertrauen. Du musst
nicht die ganze Treppe sehen.
Nimm einfach die erste Stufe.

Martin Luther King

IMPULS 8: WIE LERNT EINE ORGANISATION NEU ZU DENKEN?

Angenommen, Sie sind der festen Überzeugung, dass sich in Ihrem Unternehmen etwas ändern muss und entscheiden sich, Ihre Führungs- und Unternehmenskultur zu verändern. Dann stellt sich direkt die nächste große Frage:

Wie gehe ich so vor, dass die Veränderung erfolgreich ist?

Wo kann ich ansetzen, damit alle mitziehen und die Veränderung als wichtiger und positiver Entwicklungsschritt gesehen wird? Wie kann ich vorgehen, damit sich schnell erste Erfolge einstellen? Und wie kann ich neue Verhaltensweisen so abdichten, dass sie alte Gewohnheiten tatsächlich ablösen?

Methode: Hausbau

Es gibt zwei unterschiedliche Herangehensweisen: Man kann einen Veränderungsprozess wie einen Hausbau (Sobanski 2016) planen. Sprich, man definiert das Ziel, an dem man in zwei, drei Jahren stehen will und plant dann die großen Meilensteine und Schritte, die zur Erreichung des Zieles führen. Dann legt man diesen Plan allen Entscheidern vor. Nach dem Ausdiskutieren und Ausfeilen des Plans wird dieser allen beteiligten Teams und Mitarbeitern präsentiert und die einzelnen Schritte werden nach und nach umgesetzt. Diese Methode funktioniert, wenn Sie ausreichend Zeit haben.

Bei einer akuten Krise allerdings bleibt weder die Zeit für die Konzipierung eines großen Masterplans, noch für eine demokratische Entscheidungsfindung mit Berücksichtigung aller Gremien und Interessensgruppen. Zweitens brauchen Sie für diese Herangehensweise vor allem eins: Rahmenbedingungen, die Ihnen bekannt und gleichzeitig stabil sind. Denn wenn sich während des Prozesses plötzlich Rahmenbedingungen ändern, müsste Ihr Plan immer wieder überworfen werden oder wäre unter Umständen plötzlich sogar ganz hinfällig.

Methode: Porschefahrt bei Nacht

Realistisch betrachtet haben sich die Rahmenbedingungen für Unternehmen aber genau dahin gehend geändert, dass sie weder *alle* noch *in vollem Umfang* bekannt und schon gar nicht mehr *stabil* sind. Wer mit Menschen arbeitet, kennt das Phänomen. Gestern noch dem Mitarbeiter eine teure Weiterbildung zugesagt, morgen ist er doch weg. Wenn es um eine Veränderung von Verhaltensweisen geht, ist es noch schwieriger vorauszuplanen. Keiner kann vorhersagen, wie einschneidend Mitarbeiter A oder Team B die Veränderung wahrnimmt und wie schnell neue Regeln akzeptiert oder umgesetzt werden. Zusätzlich spielt die Gruppendynamik eine große Rolle: Gibt es genügend Befürworter für den Change, schließen sich manche allein deswegen an. Sie müssen gar nicht selbst überzeugt sein, dass das Neue besser ist, sondern folgen gern der Herde.

Wir brauchen also einen alternativen Ansatz, eine Herangehensweise mit kurzen Planungs- und Umsetzungsintervallen. Hier empfiehlt sich der Ansatz »Porschefahrt bei Nacht« : Dabei legt man das Ziel fest, dass erreicht werden soll und fährt dann auf Sicht. Wie bei einer Porschefahrt bei Nacht, bei der man immer nur den Überblick über die 200 bis 300 Meter hat die die Scheinwerfer beleuchten, plant man seine Schritte und Maßnahmen nur für einen überschaubaren Zeitraum. Kommen während dieser Phase neue Variablen ins Spiel, können diese im nächsten Planungsschritt einbezogen werden. Gibt es Überraschungen oder Wechsel, zum Beispiel in der Führungsriege, können zusätzliche Maßnahmen ergriffen werden. Das Ziel bleibt also das Gleiche, aber die Schritte, um zum Ziel zu gelangen, werden dynamisch entsprechend der aktuellen Bedingungen entwickelt.

Was sind weitere Vorteile? Zuerst mal können Sie sich als Chef oder Führungskraft tiefenentspannen! Sie müssen nicht mehr alles wissen und Sie müssen
vor allem nicht mehr alles vor Projektstart wissen und in der Planung berücksichtigen. Die Zeiten, in der das Image Chef vor allem dafür stand, dass dieser
immer alles wusste und den perfekten Plan hatte, sind vorbei. Tun Sie sich
nicht den Stress an, Respekt dafür zu wollen, dass Sie immer der sind, der
die Lösungen schon parat hat. Geben Sie ehrlich zu, welche Rahmenbedingungen bekannt sind, welche nicht. Reden Sie mit Ihren Mitarbeitern offen
auch über ungelegte Eier. Also über wesentliche Themen und Aspekte, die bei
Ihnen noch im Denk- und Entscheidungsprozess sind. Solange Sie dies auch
klar so kommunizieren zum Beispiel »Ich denke gerade darüber nach, ob es
von Vorteil ist, wenn wir ...« oder »Ich könnte es mir so vorstellen, dass wir
...«, wird das akzeptiert. Solange Sie trotzdem noch entscheidungsfreudig
bleiben und nicht die unbekannten Variablen permanent als Vorwand nutzen,
abzuwarten. Mitarbeiter haben ein sehr gutes Gespür dafür, wenn der Chef
Entscheidungen vor sich herschiebt, die schon lange überfällig sind. Es gilt,
hier die Balance zu halten: zwischen noch abwägen und dann aber auch den
Sack zumachen.

Der größte positive Effekt des Plans auf Sicht liegt allerdings darin, dass Sie
plötzliche Änderungen der Rahmenbedingungen immer im nächsten Entwicklungsschritt berücksichtigen und integrieren können. So können Sie während
des Prozesses flexibel bleiben und proaktiv sein.

Also dann, verabschieden wir uns zunächst vom gelernten Hausbau-Ansatz
und akzeptieren, dass wir uns bürokratische und langwierige Planungs- und
Entscheidungsprozesse längst nicht mehr leisten können. Es ist an der Zeit,
agiler zu denken und zu handeln! Was wir in den Chefetagen brauchen, ist
mehr Mut Dynamik zuzulassen und Nicht-Wissen auszuhalten. In Zukunft geht
es darum, den gesamten Changeprozess so zu gestalten, dass beides miteinander vereint wird: So viel Plan wie nötig und so viel Offenheit wie möglich!

Acht Schritte für das Meistern von Veränderungen

Der Vordenker im Change Management John P. Kotter entwickelte 1996 eine sehr wirkungsvolle Methodik für die Gestaltung erfolgreicher Veränderungsprozesse in Unternehmen, das Acht-Stufen-Modell (Kotter 1996). Wir haben hier die vereinfachte Form der Darstellung gewählt, die auch unter dem Pinguin-Prinzip (Kotter 2011) bekannt wurde. Aus unserer Sicht ist sie genauso herrlich pragmatisch, wie man Methoden braucht, damit man sie direkt anwenden kann. Also: Ran an den Speck und raus aus dem alten Kultursumpf!

Das Klima für Veränderung schaffen

Schritt 1: Wecken Sie ein Gefühl der Dringlichkeit!

Damit Mitarbeiter beginnen, ihren Teil zur Veränderung beizutragen, müssen sie von der Notwendigkeit und Dringlichkeit der Veränderung überzeugt sein. Das ist Ihr erster Auftrag als Unternehmer und das ist manchmal gar nicht so einfach. Besonders für Unternehmen, in denen es auf den ersten Blick super läuft. Oder für Unternehmen, die in der Vergangenheit sehr erfolgreich waren. Selbstgefälligkeit ist eine der größten Fallen, in die man tappen kann, denn sie erzeugt blickdichte Scheuklappen. Nehmen Sie Stillstand oder Schwelgen in Komfortzonen wahr, wird es höchste Zeit entgegenzuwirken!

Jetzt gilt es, dass einige wichtige Meinungsträger die Notwendigkeit der Veränderung und die Wichtigkeit sofortigen Handelns erkennen. Sie müssen sie also überzeugen. Und das geht nur anhand eindeutiger Zahlen, Daten und Fakten. Zeigen Sie Bedrohungen oder Risiken klar auf. Stellen Sie potenzielle Chancen und die Konsequenzen, wenn diese nicht genutzt werden, dar. Es kann hilfreich sein, hier Investoren, Berater oder Experten hinzuzuziehen, die helfen, die aktuelle Lage aus einem anderen Blickwinkel zu betrachten.

Schritt 2: Stellen Sie ein Leitungs-/Projektteam zusammen!

Der nächste wichtige Schritt für einen erfolgreichen Veränderungsprozess ist die Gründung eines Leitungs-/Projektteams.

Hier gibt es zwei wesentliche Erfolgsfaktoren: Erstens muss es ein kompetentes Team sein, das über Führungsqualitäten, Sachkenntnis und gute Kommunikationsfähigkeit verfügt. Sie brauchen hier die, mit den besten Fähigkeiten und der richtigen Einstellung für die Sache. Und genau nicht die, die meinen, aus ihrer Position heraus würde ihnen eine Rolle im Changeteam zustehen. Schauen Sie dann, das aus jedem Geschäftsbereich beziehungsweise jeder Abteilung ein Vertreter im Team ist, damit die Maßnahmen auch im ganzen Unternehmen greifen.

Schritt 3: Entwickeln Sie eine Vision, eine klare Zielvorstellung und Strategie!

Die erste wesentliche Aufgabe des Projektteams ist, eine Vision zu entwickeln: Ein Zielbild, wo die Organisation nach dem Veränderungsprozess stehen soll und wie genau die Zukunft aussehen wird.

Eine klar formulierte Vision erfüllt nach Kotter drei wichtige Funktionen:

- Sie dient als Entscheidungsgrundlage.
- Sie motiviert Menschen in die richtige Richtung aktiv zu werden, selbst wenn die ersten Schritte dorthin beschwerlich sind.
- Sie hilft, die Handlungen der einzelnen Abteilungen und Mitarbeiter schnell und effizient zu koordinieren.

Eine Vision wirkt sinnstiftend auf die Mitarbeiter, sie ist der Klebstoff, der alles zusammenhält. Die Vision sollte nach Kotter sechs Schlüsselkriterien erfüllen:

- Vorstellbar sein: Ein klares Bild erzeugen, wie die Zukunft aussehen wird.
- Erstrebenswert sein: Die langfristigen Interessen aller Beteiligten ansprechen.
- Machbar sein: Realistische und erreichbare Ziele vorgeben.
- Fokussiert sein: Klar genug formuliert, um als Entscheidungshilfe zu dienen.
- Flexibel sein: Alternatives Handeln ermöglichen, wenn sich die Gegebenheiten verändern.
- Vermittelbar sein: Leicht zu kommunizieren und schnell zu erklären.

Schritt 4: Erzeugen Sie Verständnis und Akzeptanz!
Jetzt geht es darum, dass möglichst viele Mitarbeiter die entwickelte Vision, die Strategie und die Ziele verstehen. Nur Verstehen führt zu verändertem Denken, nur verändertes Denken kann dazu führen, Verhalten zu ändern. Und nur wer den Sinn einer neuen Maßnahme versteht, kann diese und alle Auswirkungen, die diese mit sich bringt, auch akzeptieren.

Setzen Sie die Erstinformationsveranstaltung ein bisschen in Szene: Storytelling ist eine wirksame Art, einer Vision Leben einzuhauchen und diese für jeden begreifbar zu machen. Auch Videos und Bilder erzeugen Emotionen und Begeisterung.

Den Worten sollten schnell die ersten Taten folgen.
Das Leitungs-/Projektteam und Sie als Unternehmer sollten mit gutem Beispiel vorangehen und ihre Verhaltensweisen entsprechend der neuen Vision und Strategie anpassen.

Schritt 5: Räumen Sie Hindernisse aus dem Weg!

Beobachten Sie den Prozessverlauf und sichern Sie den Willigen Handlungsfreiräume. Oft müssen zuerst innerbetriebliche Strukturen und Systeme den Anforderungen der neuen Vision und Strategie angepasst werden, damit Mitarbeiter überhaupt handeln können. Schauen Sie immer wieder genau hin und fragen Sie sich: Wodurch sind die Willigen noch behindert? Sehen Sie sich hier als Dienstleister des Teams und helfen Sie, Blockaden zu überwinden.

Identifizieren Sie Hindernisse durch Einzelgespräche oder Mitarbeiterbefragungen. Fragen Sie pro-aktiv nach: Was läuft nicht gut? Was müsste sich ändern, damit ihr richtig loslegen könnt? Entwickeln Sie dann gemeinsam neue Lösungen, erarbeiten Sie neue Spielregeln oder Standards und sorgen Sie dafür, dass diese eingehalten werden.

Schritt 6: Sorgen Sie für kurzfristige Erfolge und feiern Sie diese!

Schnelle Erfolge (sogenannte Quick Wins) geben dem Prozess Energiespritzen und sorgen dafür, dass das neue Verhalten auch beibehalten wird. Zusätzlich haben sie den positiven Effekt, dass sie Kritikern den Wind aus den Segeln nehmen. Ziel ist, die Motivation und das Bewusstsein für Dringlichkeit bei allen Beteiligten aufrecht zu erhalten.

Achten Sie darauf, dass das Leitungs-/Projektteam kurzfristige Ziele definiert und dass das Erreichen der Ziele mit einem Ritual gewürdigt wird. Auch kleine Erfolge sollten transparent gemacht und gesammelt werden.

Achten Sie darauf, dass vor allem Ihre Führungskräfte positiv über den Wandel sprechen. Sowohl nach innen zu ihren Mitarbeitern, untereinander im Führungsteam und nach außen zu Kunden, Freunden und Wettbewerbern.

Schritt 7: Legen Sie permanent nach!

»Drängen Sie nach den ersten Erfolgen noch eiliger und energischer voran. Setzen Sie beharrlich eine nach der anderen Veränderung um, bis die Zielvorstellung verwirklicht worden ist.«, betont Kotter. Jetzt zeigt sich, wer wirklich Motor der Transformation ist. Denn viele lassen sich von der anfänglichen Euphorie mitreißen, steigen aber aus, sobald es anstrengend wird. In dieser Phase gilt es besonders, neue Motivationsimpulse zu setzen und das Team wieder neu aufzuladen. Verbreiten Sie eine »Jetzt erst Recht!« Mentalität und erhöhen Sie permanent den Schwung.

Das Leitungs-/Projektteam sollte die Dringlichkeit und den Fokus auf Vision und Ziele aufrechterhalten und eventuell neue Etappenziele setzen. Hilfreich sind dazu Reflektionsschleifen mit folgenden Leitfragen:

• Was haben wir erreicht? Was sind unsere bisherigen Erfolge?
• Was brauchen wir noch? Warum reicht es bis hierhin nicht?
• Was könnte *noch* wichtig sein, um unsere Vision zu verwirklichen?

Schritt 8: Entwickeln Sie eine neue Kultur!

Halten Sie an den neuen Verhaltensweisen, Aufgaben und Regeln fest und sichern Sie deren Umsetzung, bis sie zur Routine geworden sind und sich als feste Verhaltensmuster eingeprägt haben. Noch besteht die Gefahr, dass sie wieder verwässern, sobald der Änderungsdruck abnimmt.

Machen Sie die Änderungen, die neuen Regeln und Verhaltensweisen und deren Wirkung immer wieder zum Thema in Einzelgesprächen oder Teammeetings. Stellen Sie dar, welchen Einfluss diese auf den Unternehmenserfolg hatten und haben. Setzen Sie immer wieder einen Motivationsimpuls diese beizubehalten und sich gegenseitig zu korrigieren, wenn jemand in alte Gewohnheiten zurückfällt. Zuallererst ist dies menschlich, muss aber ange-

sprochen und korrigiert werden. Sobald ein Mitarbeiter oder ein Team wieder in alte Muster zurückfällt, besteht das Risiko, dass sich die anderen davon anstecken lassen. Deshalb gilt hier eindeutig das Sprichwort:»Wehret den Anfängen!«

Gleichzeitig ist es wichtig, neue Mitarbeiter direkt in die Unternehmenskultur zu integrieren. Deswegen sollten Regeln immer schriftlich fixiert werden. Am besten in der Originalsprache des Teams, damit sie authentisch und glaubwürdig sind. Neue Mitarbeiter sollten direkt in der Einarbeitungsphase einen Paten zur Seite kriegen, der die Spielregeln im Team und den aktuellen Verhaltenskodex vorlebt und weitergibt.

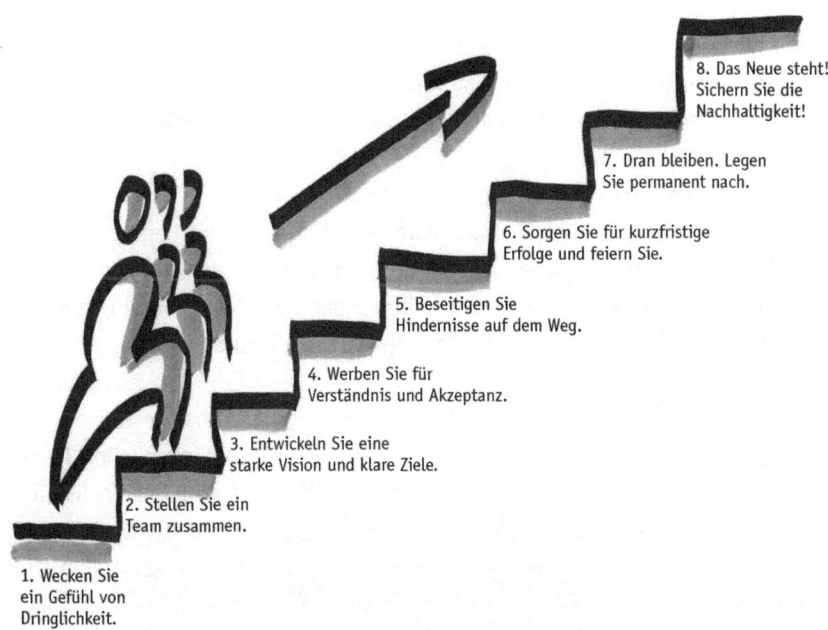

8. Das Neue steht! Sichern Sie die Nachhaltigkeit!

7. Dran bleiben. Legen Sie permanent nach.

6. Sorgen Sie für kurzfristige Erfolge und feiern Sie.

5. Beseitigen Sie Hindernisse auf dem Weg.

4. Werben Sie für Verständnis und Akzeptanz.

3. Entwickeln Sie eine starke Vision und klare Ziele.

2. Stellen Sie ein Team zusammen.

1. Wecken Sie ein Gefühl von Dringlichkeit.

IMPULS 9: ACHTUNG WIDERSTAND ODER WIE NEHME ICH ALLE MIT?

Zuerst die schlechte Nachricht: Der Großteil aller Change-Projekte scheitert insbesondere in der Anfangsphase. Eine der Hauptursachen und häufig auch berechtigte Angst bei Unternehmern ist der Widerstand der Mitarbeiter gegen die Veränderung. Menschen lieben ihre Komfortzonen, Routine vereinfacht ja auch tatsächlich das Leben. Gefährlich wird es für ein Unternehmen allerdings, wenn Prozesse nicht mehr hinterfragt und neue Tendenzen von Markt- oder Kundenseite nicht mehr wahrgenommen werden. Nun die gute Nachricht: Es gibt einen Weg, mit Widerstand ganz produktiv umzugehen. Also das diffuse Gefühl von »Oje, das wird schwer für Einige ...« oder »Hilfe, das wird Mitarbeiter X aber so nicht mitmachen ...« in klare Fakten zu wandeln und diese dann einen nach dem anderen anzupacken.

Dazu ist es notwendig, das Unternehmen und das Team nicht als Ganzes zu betrachten, sondern genau zu differenzieren: Wie stark ist das Bewusstsein der entscheidenden Führungskräfte/Mitarbeiter für die notwendige Veränderung? Wie steht welche/r entscheidende Führungskraft/Mitarbeiter zur Veränderung? Wer hat welche Meinung zur Notwendigkeit der Veränderung?

Wird ein Mensch mit einer Veränderung konfrontiert, die er selbst nicht kommen sah, durchläuft er verschiedene Phasen bis zur Akzeptanz und dem aktiven Umsetzen der neuen Verhaltensweisen. Es ist wichtig, diese Phasen und die dabei entstehenden Emotionen zu kennen, um die richtigen Impulse setzen zu können. Es gibt hier nämlich leider keine Abkürzung: Es müssen alle Phasen inklusive ihrer emotionalen Hochs und Tiefs durchschritten werden. Es ist Aufgabe des Unternehmers, zu erkennen, in welcher Ausgangslage sich die Betroffenen befinden und daraus seine Handlungsentscheidungen abzuleiten.

DER PROFESSIONELLE
UMGANG MIT
WIDERSTAND ERSPART
JEDE MENGE ZEIT! PÜ

Stellen Sie sich dazu ein Haus mit vier Zimmern vor und überlegen Sie, in welchem Raum jeweils Ihre Führungskräfte/Mitarbeiter stehen:

Vier Zimmer der Veränderung
nach Hausueli Engster

Zimmer 1: Raum der Zufriedenheit

Menschen, die von ihrem Bewusstsein her in Raum eins stehen, sind tiefenentspannt und gut drauf. Hier herrscht satte Zufriedenheit, man ist der Meinung alles läuft prima. Ihrer Meinung nach besteht kein Bedarf, etwas ändern zu müssen. Sie fühlen sich sicher, es herrscht eine Atmosphäre von Stolz und Behaglichkeit. Das Erfüllen von Routineaufgaben erzeugt ein Gefühl von Sicherheit und Stabilität. Handlungsmotiv der Beteiligten ist: »Das Erreichte erhalten und das Komfortable absichern«.

Wie bewegen Sie Menschen von Raum 1 in Raum 2?

Rufen Sie die Notwendigkeit und den Sinn der Veränderung ins Bewusstsein und schaffen Sie ein Bedürfnis für den Wandel. Konfrontieren Sie die Mitarbeiter mit konkreten Tatsachen, also aktuellen Zahlen und Fakten: Machen Sie den Schuss emotional hörbar!

Liefern Sie in dieser Phase auf keinen Fall Lösungen oder gute Ideen. Diese würden aus Reflex abgewählt. Bleiben Sie selbst tiefenentspannt, vermeiden Sie Appelle oder moralische Wertungen. Fallen Sie nicht ins Rechtfertigen oder Verteidigen.

Ihr Ziel ist hier lediglich, dass alle Aufwachen und wahrnehmen, dass der Wind of Change nun tatsächlich wehen wird. Durch diese offene Kommunikation der Fakten handeln Sie nach einem der systemischen Grundsätze:

»Mach Betroffene zu Beteiligten!«

Manchmal ist es zu anstrengend, jeden Mitarbeiter davon überzeugen zu müssen, eine Veränderung mitzugehen. Am liebsten würde man die Maßnahme autoritär anordnen, fertig. Aber genau das erzeugt den Widerstand und man macht es sich als Unternehmer selbst schwer. Hinzu kommt, dass Widerstand selten offen kommuniziert, sondern subtil ausgelebt wird. Und dann erfahren schon mal Kunden, was den Mitarbeiter in seinem Unternehmen ärgert und was der Chef schon wieder Neues will. Es ist effizienter, alle Mitarbeiter, die von einer Veränderung betroffen sind, zu echten Beteiligten zu machen.

Steigerung: Der Balkon

Die Steigerung von Raum 1 ist der Balkon. Menschen, die auf dem Balkon stehen, hört man sagen: »Wir sind ja so toll.« Sie sind nicht mit dem Boden der Realität verbunden und bezogen auf das Veränderungsthema verblendet. Man könnte auch sagen, sie machen sich selbst etwas vor und leben in einer Illusion. Es gibt auch Menschen, die die Fähigkeit besitzen, sich permanent die Dinge schön zu reden.

Es ist Ihre Aufgabe als Unternehmer, immer alle Menschen in Ihrer Organisation gut mit der Realität zu verbinden. Denn es liegt im Wesen einer Seifenblase, dass sie früher oder später platzt. Irgendwann holt uns die Realität immer ein. Wenn Sie also über einen längeren Zeitraum zulassen, dass

Mitarbeiter sich Illusionen aufbauen, müssen Sie später auch über einen längeren Zeitraum ackern, bis diese Mitarbeiter den Fall auf den Boden der Tatsachen verarbeitet haben und wieder leistungsfähig sind. Es ist klüger, eine offene Kommunikationskultur zu etablieren.

Zimmer 2: Raum der Verleugnung

Das typische Verhalten von Menschen, die mit einem Problem konfrontiert werden, ist Ablehnung nach dem Motto:»Das ist nicht mein Problem, das ist das Problem von anderen« oder»Das ist nicht das Problem, wir haben ganz andere«.

Betrachten Sie diese Reaktion als durchaus menschlich also ganz normal, können Sie in der Haltung des entspannten Beobachters bleiben und regen sich nicht unnötig auf. Menschen, die sich von ihrem Bewusstsein her in Raum 2 befinden, möchten sich nicht eingestehen, was da Unangenehmes oder Unvorhergesehenes auf sie zukommt. Sie vermeiden die Auseinandersetzung mit dem Thema komplett. Manche machen einfach weiter wie immer und tun so, als ob alles in Ordnung sei. Werden sie wieder und wieder mit dem Thema konfrontiert, zeigen sich Trotz und Widerstand. Eine gereizte Stimmung, Hitzigkeit und Aufregung sind an der Tagesordnung. Handlungsmotiv der Beteiligten: Das-Alte-festhalten-wollen und Das-Neue-nicht-wahrhabenwollen.

Wie bewegen Sie Menschen von Raum 2 in Raum 3?
Hören Sie sich die Ängste und Sorgen der Mitarbeiter an. Durch die gereizte Stimmung werden häufig Nebelbomben geworfen und Verallgemeinerungen genutzt: Führen Sie immer wieder zurück zum Thema, gehen Sie nicht auf Vorwände oder Angriffe ein, konkretisieren Sie Verallgemeinerungen direkt. Bieten Sie einen Themenspeicher an, sammeln Sie alle Argumente und lassen Sie so die Menschen ihr Gesicht wahren. Oft reicht es schon, etwas An- oder Auszusprechen, damit sich starke Emotionen abbauen und wandeln können. Die Veränderung ist angestoßen, das ist das Wichtigste! Wer einmal in Raum 2 ist, kann nicht mehr zurück in Raum 1. Die Mechanismen des Schönredens versagen.

Steigerung: Der Bunker

Menschen, die im Bunker sind, haben sich festgelegt und schmeißen mit absoluten Aussagen um sich wie: »Ich mache da nicht mit« oder »Das ist alles Quatsch«. Sehen Sie dies als Hilferuf, nicht als Drohung. Bauen Sie den Menschen eine Brücke, indem Sie sich komplett auf ihre Seite stellen und versuchen, Verständnis für ihre Sichtweise zu haben. Nur so besteht eine Chance, diese Menschen tatsächlich abzuholen und im Prozess mitzunehmen. Es geht in dieser Phase um das emotionale Abholen, nicht das rationale. Geben Sie den Menschen Zeit, sich an einen neuen Gedanken und eine veränderte Situation zu gewöhnen.

Arbeiten Sie beständig an Ihrer eigenen Haltung, den Widerstand als etwas Positives zu betrachten: Widerstand ist Energie! Wer sich widersetzt zeigt Interesse und fühlt sich betroffen. Das ist gut, das ist immerhin Raum 2 und damit besser als die Selbstgefälligkeit in Raum 1!

Manchmal ist Widerstand auch als Informationsquelle nutzbar. Er gibt Auskunft über die wahren Bedürfnisse oder nicht beachteten Wünsche der Betroffenen. Kommen versteckte Botschaften auf den Tisch ist das immer gut, denn gesendet werden sie sowieso. Dann lieber offen, so dass Sie damit aktiv arbeiten können! Es gilt: Nutze die Energie des Widerstands!

Zimmer 3: Raum der Verwirrung

Langsam wird den Einzelnen bewusst, dass es kein Zurück mehr gibt. Das Alte ist definitiv vorbei, die alten Regeln sind außer Kraft gesetzt. Es herrschen Chaos und Verwirrung. Den Betroffenen wird klar, dass sie so nicht weiterkommen und nicht wissen, wie es weiter gehen soll. Die Atmosphäre ist von Wehmut und Trauer bestimmt, manche fühlen sich gelähmt oder frustriert. Ohnmacht und Hilflosigkeit machen sich breit, Ängste bekommen Raum. Dies ist der emotionale Tiefpunkt, die Menschen sind sich sicher, dass das Vergangene wirklich nicht mehr hilft. Damit ist der Sprungpunkt erreicht und das Blatt kann sich wenden. Die Menschen sind langsam bereit, sich auf das Neue einzulassen.

Steigerung 1: Wilder Aktionismus

Menschen, die einen großen inneren Druck spüren, neigen nun zu spontanen, unlogischen und willkürlichen Handlungen. Es werden völlig konfus Maßnahmen ergriffen nach dem Motto »Hauptsache, was gemacht!« Der Trubel des Dringlichen erzeugt dabei den Anschein auf dem richtigen Weg zu sein. Bei genauerem Hinsehen stellen sich die Aktivitäten allerdings als Aktionismus heraus, dessen Wirkung direkt verpufft.

Steigerung 2: Falscher Ausgang

Hier wird alles auf eine Karte gesetzt nach dem Motto »Wenn wir das tun, wird alles wieder gut!« beziehungsweise »Diese Lösung ist unsere Rettung!« Dies können zum Beispiel Investitionen, spontane Neueinstellungen beziehungsweise Kündigungen oder blinde Übernahme von Konzepten anderer sein. Das Verhalten des Betroffenen gleicht einem Elefanten, der lange auf der Stelle stand und nun plötzlich losrennt. Dies ist besonders gefährlich, wenn die Entscheidungen langfristige Konsequenzen haben, die nicht wieder rückgängig gemacht werden können und mit denen das Unternehmen dann erst mal leben muss.

Wie bewegen Sie Menschen von Raum 3 in Raum 4?

Erzeugen Sie eine Vision und ein Zukunftsbild, machen Sie das Neue begreifbar. Zeigen Sie Lösungen auf wie der neue Weg, sprich neue Aufgaben oder neues Verhalten genau aussehen können. Entwerfen Sie einen Maßnahmenplan und bieten Sie eine klare Struktur an. Verbreiten und erzeugen Sie Optimismus, bestätigen Sie systematisch die Teammitglieder, die schon Neues angenommen haben.

Menschen, die sich von ihrem Bewusstsein her in Raum 3 befinden, pendeln durch ihre Verwirrung gerne zurück in Raum 2 und beginnen wieder mit der Verleugnung des Themas und dem Zelebrieren der Opferrolle. Dieses Verhalten ist wesentlich bequemer, als sich den neuen Herausforderungen zu stellen. Schieben Sie permanent Fakten nach und stellen Sie konkrete Aufgaben und Forderungen. Sie müssen nah dran bleiben, um das neue Verhalten zu verstärken und das Schlupfloch in Raum 2 zu schließen. Sorgen Sie für schnelle, wenn auch kleine Erfolge und kommunizieren Sie diese.

Zimmer 4: Raum der Erneuerung

Geschafft! In Raum 4 beginnen die Menschen das Neue auszuprobieren und den Maßnahmenplan umzusetzen. Das erzeugt Aufbruchsstimmung und eine Atmosphäre von Neugierde und Spaß. Es werden erste positive Erfahrungen gemacht, aus Rückschlägen wird gelernt. Das Gefühl von Selbstsicherheit und Handlungsfähigkeit kehrt zurück. Dadurch wird die noch vor kurzem als bedrohlich empfundene Situation als neutral oder Herausforderung bewertet. Die Menschen haben die Veränderung angenommen, sie helfen mit, das Neue umzusetzen. Dadurch etablieren sich neue Verhaltensmuster, es entsteht eine neue Kultur.

Wie halten Sie Menschen in Raum 4?
- neues Verhalten bestätigen beziehungsweise loben
- bei Hindernissen unterstützend zur Seite stehen
- neue Prozesse und Strukturen nachjustieren und stabilisieren
- gemeinsam Erfolge reflektieren und feiern

Die wichtigsten Erkenntnisse auf einen Blick:
- Damit Menschen sich voll mit dem Neuen identifizieren, müssen sie auch emotional dahinter stehen.
- Wenn Sie eine Veränderung etablieren wollen, müssen Sie alle Beteiligten unabhängig von deren Ausgangsposition strategisch in Raum 4 bekommen.
- Entscheidend für ihr Handeln ist, in welchem Raum die Beteiligten von ihrem Bewusstsein her stehen.

- Jede Bewusstseinsstufe oder Phase der Veränderung erzeugt bestimmte Emotionen und typische Verhaltensweisen.
- Menschen, die in Raum 1 stehen, müssen alle Phasen emotional durchleben. Es gibt keine Abkürzung.

Hartnäckiger Widerstand: Mission Impossible?

Was tun, wenn ein Mitarbeiter oder ein harter Kern dauerhaft Widerstand leistet und aus der Bunker-Haltung nicht rauskommt? Was, wenn Sie das Gefühl haben, alles Reden bringt nichts?

Es gilt die Regel: Arbeiten Sie sich niemals am Widerstand Einzelner ab!

Es lohnt sich nämlich nicht. Die Fähigkeit zur Veränderung hängt vom Reifegrad des Menschen ab. Je selbstständiger ein Mensch denkt und handelt, umso mehr emotionale Reife hat er und umso mehr kann er Neues begreifen. Er ist dann fähig, sich eine eigene Meinung dazu zu bilden, diese zu vertreten und diese auch zu ändern, wenn dies der Sache dienlicher ist.

Dass es hilfreicher ist, das Überzeugen-wollen loszulassen, wird anhand der Energieformel (Beckhard/Gleicher 1969) deutlich. Die Formel ist ein Werkzeug, um die Faktoren, die darüber entscheiden ob die Veränderungsenergie eines Betroffenen ausreicht, einschätzen zu können.

Auf der linken Seite der Energieformel stehen:

U emotionale Unzufriedenheit mit der alten/aktuellen Situation

V die starke emotionale Vision des zukünftigen Status inklusive der Vorteile des Neuen

S klar definierte Schritte, Maßnahmenplan

Auf der rechten Seite steht:

W Widerstand gegen die Veränderung/das neue Projekt

Und jetzt nehmen Sie Ihr aktuelles Veränderungsthema und machen eine ganz einfache Rechnung. Gehen Sie dabei in folgenden Schritten vor:

1. Bewerten Sie auf einer Skala von 0 bis 10 die Unzufriedenheit des Betroffenen: Wie unzufrieden ist Mitarbeiter X mit seiner aktuellen Arbeitssituation?
2. Bewerten Sie auf einer Skala von 0 bis 10 die Vision, also den zukünftigen Status, den Sie nach der Veränderung erreicht haben wollen, aus Sicht des Betroffenen: Wie stark ist die Vision für Mitarbeiter X?
3. Bewerten Sie auf einer Skala von 0 bis 10 die Schritte, also den Maßnahmenplan aus Sicht des Betroffenen: Wie wirksam fühlen sich die geplanten Schritte für Mitarbeiter X an?
4. Multiplizieren Sie dann U mit V und S!
5. Bewerten Sie rechts den Widerstand W auf einer Skala von 0 bis 1.000.

Vergleichen Sie das Ergebnis der linken Seite mit der Höhe von W.

Was erkennen Sie?

Wenn U, V oder S gefühlt für den Mitarbeiter gleich Null ist, kann auf der linken Seite der Gleichung nur Null herauskommen! Wenn also nur eines der drei Kriterien zu dünn aufgestellt ist, steht dem Widerstand gefühlt nichts entgegen!

Investieren Sie in:
- die Erhöhung von U, also der emotionalen Unzufriedenheit des Mitarbeiters mit der aktuellen Situation! Solange der Mitarbeiter mit seinen Arbeitsbedingungen super zufrieden ist, hat er kein Motiv, seine Situation zu verändern.
- den Aufbau von Vision (V) und Maßnahmenplan (S). Hier ist Luft nach oben, bis Sie gefühlt eine klare 10 (aus Sicht des Betroffenen!) vergeben würden!

Stecken Sie Ihre Energie also in die Erhöhung von U, V und S und schenken Sie dem Widerstand keinen Funken Unternehmerenergie.

Das *Arbeitsblatt zur Energieformel* können Sie sich auf unserer Website *www.eulzer-und-puetter.rocks* downloaden.

ACHTSAM BEOBACHTEN,
WAS VOR SICH GEHT:
JA, ENDLOS-SCHLEIFEN
ALS ERKLÄR-BÄR
DREHEN ODER GAR
SCHLAFLOSE NÄCHTE
HABEN: NEIN!   IE

IMPULS 10: FLEXIBLE ORGANISATIONS-STRUKTUREN: WIE KOMME ICH DAHIN?

»Die Indianer haben die Spanier nicht gesehen, als sie in Schiffen über das Meer kamen. Sie konnten sich in ihrem Weltbild nicht vorstellen, dass Gefahr von der Wasserseite her kommen könne.«

Autor unbekannt

Könnte es sein, dass Sie den ganz großen Zug verpassen, weil Sie Ihre Betriebsstrukturen nicht hinterfragen? Jetzt könnte man meinen, dass dies nur für größere Unternehmen eine wirklich zentrale Frage sei. Was soll ein Unternehmer mit zwanzig oder dreißig Mitarbeitern schon groß an seiner Betriebsstruktur ändern können? In KMUs wird die herkömmliche hierarchische Betriebsstruktur doch erfolgreich praktiziert: Oben steht der Chef, dann die Abteilungsleiter, dann deren Stellvertreter und dann kommen Mitarbeiter und Azubis. Dies kann auch die beste Struktur für einen Betrieb sein. Kann aber auch nicht.

Denn mit dem stetigen Wachstums des Betriebes und der Vergrößerung der Mitarbeiterzahl wachsen parallel Einflussbereich und Macht der Führungskräfte. Je komplexer eine Hierarchie, je mehr Verästelungen oder Sonderpositionen, desto mehr sind freier Informationsfluss oder eine schnelle Entscheidungsfindung behindert. Manche Abteilungsleiter mutieren in ihrem Verhalten zu Festungskommandanten und lassen Veränderungen in ihrem Bereich immer schwerer zu. Ideen oder geplante Umstrukturierungen werden als Eingriff gewertet und entsprechend blockiert. Wichtige Projekte gehen nicht an den, der am besten dafür geeignet wäre, sondern werden selbst besetzt. Dieser Prozess entwickelt sich meist schleichend, so dass die Festungskommandanten ausreichend Zeit hatten, um sich herum stabile Schutzwälle zu bauen. Das sind meist implizite Regeln wie »Änderungen werden erst mit mir besprochen, dann mit Abteilung B« – auch wenn der Mitarbeiter dadurch in seiner Arbeit stecken bleibt oder »Projekt X geht erst nach meinem Urlaub weiter« – auch wenn es kompetente Mitarbeiter tun könnten.

Die Festungskommandanten mutieren zu regelrechten Silofürsten, die ihre Bereiche nicht mehr als Teil des Unternehmens begreifen, sondern als eigenen, autarken Herrschaftsbereich.

Ab dieser Stufe kostet es das Unternehmen viel Zeit und Energie, ebendiese bei Laune zu halten und sie immer wieder zu kooperativem Handeln zu motivieren. Die Produktivität sinkt, da sich viele Mitarbeiter unbewusst an die Mechanismen von Macht anpassen.

Was also tun?
1. Wahrnehmen, was abgeht und welche Verhaltensmuster sich gebildet haben. 2. Einschätzen, ob die Strukturen noch der Sache dienlich sind oder die Organisation in ihrer Entwicklung inzwischen eher blockieren. Und dann schauen: Was könnte ich an meiner Organisationsstruktur ändern, damit wir wieder schlagkräftig sind?

Denn eins ist so sicher wie das Amen in der Kirche: Wenn Sie als Unternehmer sich der Macht der Silofürsten beugen, werden es Ihre Mitarbeiter auch tun. Wenn Sie sich nicht trauen, an den Strukturen und Arbeitsweisen etwas zu ändern, wird es keiner tun. Unternehmerische Freiheit im Handeln zu haben, bedeutet Wahlmöglichkeiten zu haben, um jeweils die beste Alternative auswählen zu können.

Die sechs Reifegrade von Organisationsstrukturen
(nach Dr. Holger Sobanski)

1. Stufe: Die klassisch-vertikale Organisation
Die Grundidee dieser Organisationsform: Hier ist alles schön aufgeräumt! An der Spitze der Organisation steht die Geschäftsleitung und es gibt klar definierte Abteilungen, die Silos. Für jede Abteilung gibt es einen Abteilungsleiter, den Silofürsten und in der zweiten Ebene einen Stellvertreter.

Was ist das Gute daran?

Die klare Definition von Rollen, Verantwortungsbereichen und Zuständigkeiten schafft für Mitarbeiter Orientierung. Sie wissen, wer wofür ihr Ansprechpartner ist. Sie können Kontrollen und Konsequenzen einschätzen, das gibt Sicherheit. Sie können Erwartungen abfragen und haben immer einen Ansprechpartner bei Entscheidungen. Auch Vertretungen bei Urlaub- und Krankheit sind super regelbar.

Für viele inhabergeführte Unternehmen ist es noch eine Herausforderung, diese erste Stufe tatsächlich zu leben. Leider erleben wir es immer wieder, dass der Patriarch in die Verantwortlichkeiten der Abteilungsleiter eingreift und gerade Personalführungsthemen selbst entscheidet. Sprich: Manche Personalgespräche macht der Chef, bei Mitarbeitern, die er nicht so mag, soll es der Abteilungsleiter machen. Hier ist es elementar, die Rollen und Verantwortlichkeiten klar zu definieren und sich daran zu halten. Willkür erzeugt immer Demotivation.

Die vertikale Organisationsform ist notwendig, wenn der Großteil der Mitarbeiter einen niedrigen Reifegrad in der Persönlichkeitsentwicklung hat und klare Führung braucht. Sie eignet sich besonders bei stabilen Rahmenbedingungen und bei wenig Dynamik auf Markt- oder Mitarbeiterseite.

Wo entstehen Grenzen?

Schwierig wird es, wenn Machtansprüche der Führungskräfte dazu führen, ihre Abteilung gegenüber Veränderungen abzuschirmen, selbstverständlich taktisch klug mit Vorwänden wie »in meiner Abteilung ist alles bestens« oder »Das geht woanders, aber hier bei uns ist alles so speziell«. Hier hilft nur eins: Rigoroses Vorgehen: Das Kappen von Privilegien, Sonderlösungen und Komfortzonen – bis hin zur Kündigung. Entscheidend ist dabei immer nur das Kriterium: Was ist für die Organisation das Richtige?

Eine weitere Schattenseite der vertikalen Organisationsform ist, dass die isolierte Abteilungsdenke den Wissenstransfer und den Austausch zwischen Mitarbeitern verschiedener Abteilungen erschwert. Es kann passieren, dass in Abteilung A ein Mitarbeiter ein Problem hat, für das ein Mitarbeiter aus Abteilung B eine Lösung hätte. Aber die Info gelangt nie von A zu B.

Die größte Gefahr besteht allerdings darin, dass der Kunde in der ganzen Kette des Infoflusses an unterster Stelle steht. Hat ein normaler Vertriebsmitarbeiter ein wichtiges Kundenfeedback, kann es passieren, dass dieses den langen Entscheidungsweg über stellvertretenden Abteilungsleiter und und Abteilungsleiter gehen muss, um beim Chef anzukommen. Durch Internet und Social Media kommunizieren Kunden heutzutage schneller und inhaltsfokussierter. Unternehmen müssen genauso schnell reagieren, stehen sich durch festgelegte Hierarchien aber selbst im Weg. Auch hoch motivierte Mitarbeiter, die gern für ihren Kunden etwas schaffen wollen, werden nach und nach müde, sich durch die Instanzen zu kämpfen. Nehmen Sie folgende Anzeichen wahr, ist es Zeit entgegenzuwirken:

• Der Informationsfluss dauert lang.
• Neue Trends werden nicht aufgenommen.
• Der harte Kern an Top-Leuten ist permanent überlastet.
• Es gibt junge Wilde, aber die Organisation bietet keinen Raum dafür, dass diese ihre Talente ausleben können.

Ist das Ziel einer vertikal-hierarchischen Organisation wieder schlagkräftig und lebendig zu werden, ist eine Kombination mit der nächsten Entwicklungsstufe»Projekt-Management« sinnvoll.

2. Stufe: Projekt-Management 1.0

Hier werden brennende Themen zu Problemen, Engpässen oder Trends als Projekt definiert und als Verantwortung an ein Projektteam gegeben. Das Projektteam wird aus Mitarbeitern verschiedener Abteilungen und unterschiedlicher Hierarchiestufen gebildet. Damit werden Abteilungsgrenzen überwunden, Know-how wird abteilungsübergreifend ausgetauscht, Gedanken von Spezialisten verschiedener Bereiche können sich befruchten und dem Silodenken wird entgegengewirkt. Erstmalig sind Abteilungsleiter nicht mehr automatisch für alle Themen, die ihre Abteilung betreffen verantwortlich. Der Projektleiter sorgt dafür, dass klare Projektziele erarbeitet, Aufgaben verteilt und Ergebnisse als Team erreicht werden.

Die Entscheidungsgewalt bleibt aber beim Abteilungsleiter, also dem Linienchef. Es gilt: Linie (Abteilungsleiter) sticht Projektleiter. Braucht der Abteilungsleiter einen seiner Mitarbeiter dringend im operativen Geschäft, kann er ihn aus dem Projekt abziehen.

Was ist das Gute an dieser Organisationsform?
- Wichtige Themen, für die im operativen Geschäft keiner Zeit hat, werden als Projekt bearbeitet.
- Die jungen Wilden bekommen eine attraktive Chance beziehungsweise Karrieremöglichkeit.
- Synergien zwischen Abteilungen werden genutzt.
- Projekte sind terminiert, Leistung und Ergebnisse sind kontrollierbar.

Wo entstehen Grenzen?
Der Erfolg des Projektteams ist maßgeblich von der Sozialkompetenz des Projektleiters abhängig. Nur wenn dieser fähig ist, die Kommunikation unter allen Beteiligten zu steuern und die Aufgaben nach Stärken zu verteilen, hat das Projekt eine Chance. Da der Abteilungsleiter nach wie vor die Macht hat, kann es zwischen Abteilungsleiter und Projektleiter bezüglich Ressourcen

wie Mitarbeiterstunden oder Kostenbudgets zu Konflikten oder Machtspielchen kommen.

*Bei dieser Stufe des Projekt-
managements hat der Abteilungsleiter die Macht, das Projekt
abzuschieben, wenn es ihm
nicht passt.*

Mit guter Unterstützung der Projektleitung durch einen Chef, der die Machtspielchen der Linienchefs im Griff hat, kann die Organisation einige Jahre auf dieser Entwicklungsstufe produktiv unterwegs sein. Wenn es immer
mehr Projekte gibt und der Ressourcen-Konflikt zwischen Linienchefs und
Projektleitern zunimmt, kommt irgendwann der Zeitpunkt, an dem keiner
mehr Projektleiter sein will. Wirkliche Handlungsfreiheit hat man bei dieser
Organisationsform nur als Abteilungsleiter. Dann ist es Zeit für den nächsten
Entwicklungsschritt der Organisation.

3. Stufe: Projekt-Management 2.0
Hauptmerkmal der Weiterentwicklung der Organisationsform ist daher der
notwendige Schritt der Machtverschiebung hin zum Projektleiter. Auf dieser
Entwicklungsstufe gilt die Regel:

*Alle Macht dem
Projektleiter!*

Linien-Führungskräfte, also Abteilungsleiter und Stellvertreter werden als Dienstleister des Projektes integriert, um dem Projekt die größtmöglichen Erfolgschancen zu geben. Der Projektleiter hat einen direkten Zugang zur Geschäftsführung, durch die direkte Kommunikation kommt das Team schnell voran. Diese Organisationsstufe bedeutet für die Mitarbeiter einen Entwicklungsschritt, denn: Führung wird nun teilbar.

Mitarbeiter haben erstmalig zwei Führungskräfte: Ihren Abteilungsleiter und ihren Projektleiter. Sie stehen täglich vor der Herausforderung, Aufgaben oder Forderungen von zwei Führungskräften erfüllen zu müssen. Hier ist Kompetenz im Selbst- und Zeitmanagement elementar!

Allerdings sind Projekte immer zeitlich befristet. Verbesserungen werden umgesetzt, aber die Prozessoptimierung wird nicht dauerhaft sichergestellt. Dafür braucht die Organisation den nächsten Entwicklungsschritt.

4. Stufe: Organisationsstruktur nach Kernprozessen

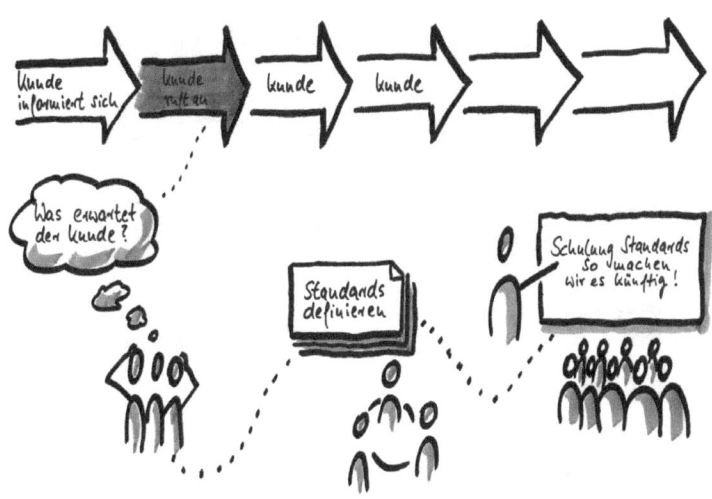

Kernprozesse umfassen alle Tätigkeiten, die der Wertschöpfung des Unternehmens dienen, mit denen das Unternehmen also Geld verdient. Will die Organisation Qualität und einen kontinuierlichen Verbesserungsprozess sicherstellen, ist das Managen der Kernprozesse elementar. Pro Kernprozess gibt es einen Verantwortlichen. So gibt es zum Beispiel in der Hotellerie neben Küchenchef und Restaurantleiter einen F&B Manager der die Verantwortung für den Kernprozess F&B trägt.

5. Stufe: Die Matrix-Organisation

Kennzeichen dieser Organisationsform ist vor allem eins: Der Mitarbeiter hat dauerhaft zwei Führungskräfte beziehungsweise zwei Berichtslinien. Das können ein Chef nach Regionen und ein Chef nach Produktgruppen sein. Manchmal entsteht diese Organisationsform durch Fusionen und wird dem neuen Unternehmen übergestülpt. Dann hat man zum Beispiel zusätzlich zum Chef seiner Business-Unit noch einen Regionalleiter oder einen Länderchef.

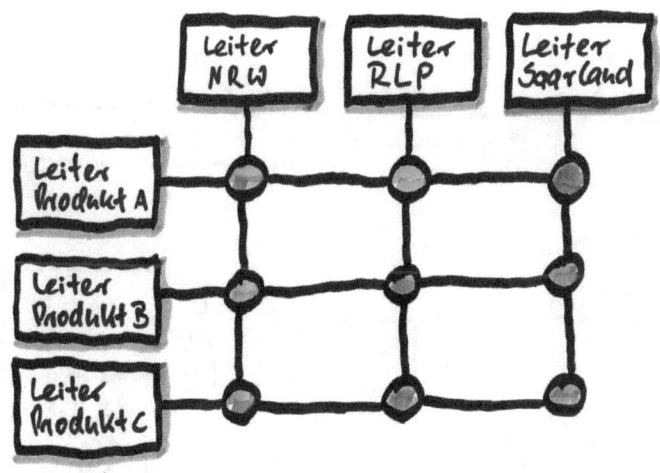

Aus Sicht des Mitarbeiters ist in diese Organisationsform ein ständiger Interessenkonflikt eingebaut, denn beide Führungskräfte verfolgen ganz unterschiedliche Ziele. Der Mitarbeiter muss lernen, zu einer Forderung »nein« zu sagen, um eine andere erfüllen zu können. Er hat in einer Matrix-Organisation wesentlich mehr Eigenverantwortung, muss selbstständig mitdenken und selbstbewusster auftreten.

Die Matrix gilt als Übergangs-Organisationsstruktur, die erfahrungsgemäß circa zehn bis fünfzehn Jahre gelebt wird.

6. Stufe: Die agile Netzwerk-Struktur
Was wäre, wenn wir einfach alles Formal-Gedöns weglassen? Wenn es keine festen Chefs mehr gäbe? Wenn Mitarbeiter lernen, sich selbst zu organisieren und zu kontrollieren? Willkommen in der Welt der Agilität! Hier wird Hierarchie situativ festgelegt, es gilt das Kapitänsprinzip: Führung ist keine Position mehr, sondern nur noch Rolle und Aufgabe!

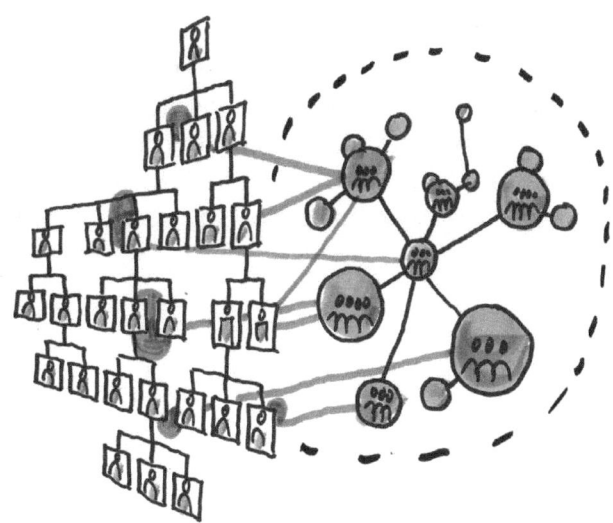

Die Mitarbeiter organisieren sich in agilen Projektteams: Sie geben sich selbst Hierarchie, straff durchdekliniert nach Rollen, Aufgaben, messbaren Zielen und klaren Spielregeln. Auch die Anbindung und Kommunikation zur Geschäftsführung wird festgelegt. Status wird ganz neu definiert: Durch den persönlichen Mix von Rollen und Aufgaben.

Voraussetzung dafür: Talente und Stärken werden transparent auf den Tisch gelegt. Das vertikale System legt das Thema fest, das zum Erfolg geführt werden soll und definiert die Fähigkeiten und Kompetenzen, die in der agilen Zelle gebraucht werden. Später kann die Zelle selbst neue Mitglieder auswählen. Die Schlüsselfrage ist: Wer kann für die Sache einen Mehrwert liefern? Die Zusammensetzung der Teammitglieder ist funktions- und hierarchieübergreifend. Es können auch Führungskräfte dabei sein, diese sind hier gleichberechtigtes Teammitglied. Das Team wählt selbst, wer am besten für die Teamleitung geeignet ist.

Die agile Netzwerk-Organisation bedeutet für Mitarbeiter höchste Anforderungen an soziale Kompetenzen, Selbstmanagement und Teamfähigkeit. Man braucht eine hohe Bereitschaft zu Veränderung, um sich in verschiedenen Zellen und Themen immer wieder neu auszuprobieren. Und es braucht eine hohe Verantwortungsbereitschaft, da es kein Auffangnetz gibt: Der Auftrag ist an die Zelle abgegeben, die Zelle soll ihn zum Erfolg führen. Das Prinzip der Selbstorganisation steht über allem, das heißt Konflikte müssen selbst gelöst und Entscheidungen getroffen werden. Es gibt keine Führungskraft, die einem das abnimmt.

Der geniale Gedanke von agilen Zellen ist aus unserer Sicht allerdings dieser: Die Geschäftsführung und alle internen Abteilungen wie Controlling, Marketing, IT oder HR verstehen sich als interne Dienstleister der agilen Zellen! Sie arbeiten den Zellen zu. Durch diese neue Perspektive haben wieder alle gemeinsam den Auftrag, die Kundenbedürfnisse zufrieden zu stellen. Alle sind nah am Kunden. Es kann nicht vorkommen, dass zum Beispiel der Vertrieb versucht extrem flexibel auf Kundenbedürfnisse einzugehen, andere interne Abteilungen bei der Umsetzung des Auftrages aber nicht mitziehen.

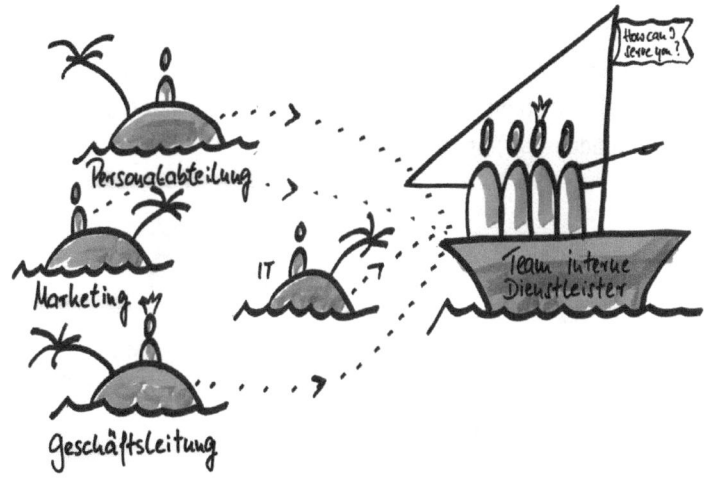

Der zweite zukunftsweisende Ansatz ist, dass in einer agilen Zelle auch ein Kunde oder zum Beispiel ein Lieferant Mitglied sein darf. Stellen Sie sich einen Ihrer Kunden *in* einem Ihrer Projektteams vor! Und Ihr Kunde dürfte seine Wünsche und seine Sicht äußern und das ganze Team würde dies ernst nehmen und in alle Überlegungen einbeziehen. Ja, das klingt revolutionär!

Im ersten Schritt sollten Sie die Arbeitsweise einer agilen Zelle erst einmal für ein Projekt ausprobieren. Das entscheidende Kriterium für die Entscheidung ist die Frage: Wie viel Dynamik hat mein Thema? Ist eine hohe Dynamik durch sich ständig ändernde Rahmenbedingungen (zum Beispiel aus Markt- und Kundensicht) absehbar, ist es sinnvoll, das Projekt als agile Zelle aufzusetzen.

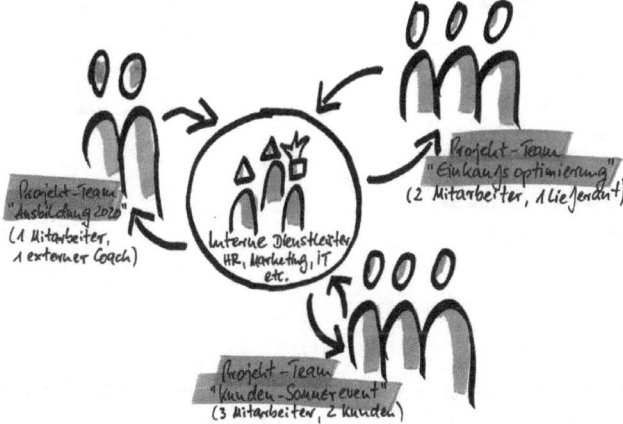

Agile Netzwerk-Strukturen
Für die Umstellung der gesamten Organisationsstruktur auf agile Strukturen muss die Organisation allerdings erst reif sein. Das Selbstmanagement und die sozialen Kompetenzen der Mitarbeiter müssen so weit entwickelt sein, dass nach den agilen Prinzipien gearbeitet werden kann. Die Organisation muss durch alle anderen Entwicklungsstufen gegangen sein.

DU MUSST ERST
ROSTIGE GEGEN
GOLDENE KETTEN
EINTAUSCHEN,
BEVOR DU MIT
AGILITÄT KOMMEN
KANNST.

DR. HOLGER SOBANSKI

IMPULS 11: NEW WORK UND AGILITÄT: WAS BEDEUTET DAS?

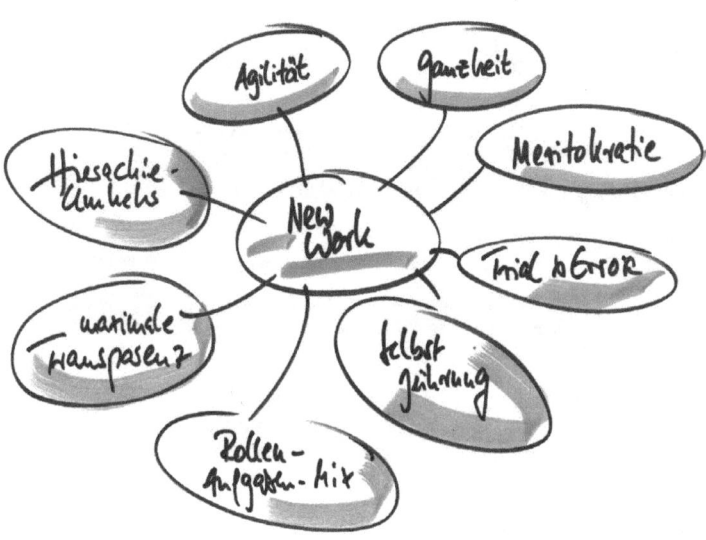

Der Wandel von der Industrie- zur Wissensgesellschaft und die rasante technologische Entwicklung ziehen neue Bedürfnisse an die Arbeitswelt nach
sich. Arbeitnehmer der neuen Generationen möchten herausfordernde Tätigkeiten und ständig dazulernen. Sie möchten selbstbestimmt und selbst organisiert arbeiten können. Sie sind also immer seltener bereit, Durststrecken
mit langweiligen Arbeiten zu überbrücken und auf interessante Projekte zu
warten. Das erfordert ein professionelles Talent- und Projektmanagement und
eine ausgeprägte Feedbackkultur auch zwischen Unternehmer und Führungskräften, um diese Mitarbeiter langfristig binden zu können. Dazu kommt ein
weiterer Trend: In Zukunft wird es immer mehr Projektarbeit geben. Routineaufgaben werden durch Software ersetzt, ganze Arbeitsschritte entfallen.
Dafür steigt der Anteil an ganz neu auftretenden Problemen, für die es gilt,
schnell Lösungen zu finden. Wer hier als Unternehmer wach ist, daraus einen

spannenden Projektauftrag zu machen und das passende Team zusammen zu stellen, ist klar im Vorteil. Die Frage »Wie kann sich mein Unternehmen schneller an wechselnde Rahmenbedingungen anpassen?« wird also immer drängender. Denn:

»Oft sind Organisationsstrukturen nicht dafür gemacht, schnelles und agiles Handeln zu ermöglichen.« IE

Da kann man schon mal auf erfolgreiche Start-ups neidisch werden, die sich vor allem durch eins auszeichnen: Sie treffen unbürokratisch Entscheidungen und setzen diese schnell um. Gut, jetzt können wir nicht alle davon träumen, ein Start-up zu gründen, um endlich wieder produktiv arbeiten zu können. Was wir aber tun können ist, die bestehende Unternehmenskultur und klassische Strukturen so zu transformieren, dass die Arbeitsweisen von Management und Teams agiler werden!

Was ist Agilität?

Im Grunde bedeutet agil das Gegenteil von schwerfällig, unbeweglich und bürokratisch. Nämlich: Aktiv, flexibel und anpassungsfähig sein! Agile Methoden versuchen aufwendige Planung aufzubrechen, um offen für Veränderungen zu sein. Sie versuchen überbordende Bürokratie und bremsende Strukturen auf ein sinnvolles Maß zu reduzieren. Noch ist die agile Bewegung vor allem in der IT-Welt zu Hause mit Methoden wie Scrum oder Kanban. Doch schon längst wurden ihre Vorteile und Qualitäten auch von anderen Branchen erkannt.

In vielen Unternehmen hat mit der Einführung eines systematischen Qualitätsmanagements der Bürokratismus an Macht gewonnen. So entscheidet oft nicht mehr der gesunde Menschenverstand, wie viel Dokumentation sinnvoll ist oder wann ein klärendes Gespräch mit dem Kunden mehr bringt als Berge von Unterlagen. Und in manchen Unternehmen sind Teams schlichtweg durch zu viel Hierarchie, unsinnige Regeln oder das Machtgehabe der Chefs ausgebremst. Lebendigkeit und Energie wurden aus den Arbeitsplätzen verdrängt. Machtspiele und Grabenkämpfe haben oftmals die Oberhand gewonnen.

Da fühlt es sich doch glattweg wie eine warme Dusche an, die agilen Werte (Agiles Manifest 2001) zu lesen und auf sich wirken zu lassen:

• Menschen und Interaktionen stehen über Prozessen und Werkzeugen.
• Funktionierende Software steht über einer umfassenden Dokumentation.
• Zusammenarbeit mit dem Kunden steht über der Vertragsverhandlung.
• Reagieren auf Veränderung steht über dem Befolgen eines Plans.

Und da finden wir auch schon die Sowohl-als-auch-Denke – das klare Bekenntnis dazu, dass wir grundsätzlich Beides brauchen: Die Werte auf der linken und rechten Seite. Wir brauchen sowohl spontane Interaktionen mit Kunden, als auch definierte Prozesse, sowohl flexibles Reagieren auf Veränderungen, als auch einen Plan.

Aber im Moment der Entscheidung liegt die Priorität auf den Werten der linken Seite, die ein agiles Handeln ermöglichen. Hört sich logisch an, bleibt aber die Frage, wie geht das in der Praxis? Wie können wir schnell auf Veränderungen reagieren und zwar so, dass unser Handeln trotzdem das große Ziel erreicht und nicht in wildem Aktionismus endet?

1. Planung: Agiler Ansatz versus Elfenbeinturm

Angenommen, Sie wollen ein Produkt auf den Markt bringen und brauchen für dessen Entwicklung drei Jahre. Bisher sind wir dabei so vorgegangen: Der Chef und das Top-Management haben das Unternehmensziel definiert und gemeinsam mit Experten einen Business-Plan inklusive Budgets, Zielvorgaben und Maßnahmenplan erstellt. Dann begann die Entwicklung des Produktes. Während des Prozesses gab es immer einen Experten, der den Plan genau kannte und der entschieden hat, was jeweils zu tun ist. Wenn alles gut lief, hat das Unternehmen das Produkt nach drei Jahren am Markt eingeführt.

In Zeiten hoher Dynamik und Komplexität kann es dem Unternehmen passieren, dass sich die Kundenbedürfnisse in der Zwischenzeit geändert haben. Das heißt, das Produkt ist fertig, die Kunden wollen inzwischen aber etwas

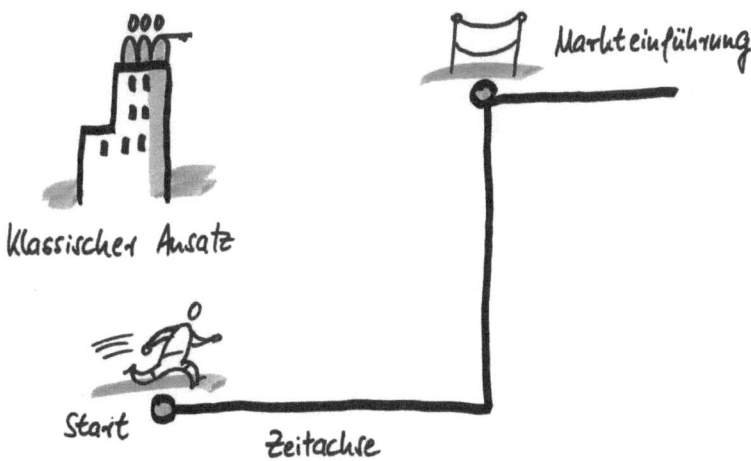

Klassischer Ansatz

Markteinführung

Start

Zeitachse

anderes. Oder: Das Produkt ist fertig, die Liefer- oder Produktionsbedingungen haben sich aber inzwischen geändert und es könnte nicht mehr laut Plan produziert werden.

Der traditionelle Ansatz der Planung aus dem Elfenbeinturm heraus ist nicht mehr zukunftsfähig. Aufgrund der zunehmenden Komplexität kann niemand mehr über einen längeren Zeitraum voraussagen, wie sich Rahmenbedingungen und Kundenbedürfnisse entwickeln werden.

Wir brauchen einen Mindset-Wechsel, sprich einen neuen Denk-Ansatz für unsere Ziel- und Maßnahmenplanung. Und da hilft uns der agile Ansatz wesentlich weiter! Hier wird lediglich das Ziel festgelegt, das »*Was* wollen wir erreichen?*« Der Weg, also das »*Wie* kommen wir dahin?*« wird dann erst im Prozess Schritt für Schritt definiert. So kann nach dem Lernprinzip Trial and Error (Versuch und Irrtum) gearbeitet werden. Man ist zu 100 Prozent zielloyal aber nicht wegloyal. Der Weg zum Ziel wird in einzelnen Abschnitten geplant. Ändern sich Rahmenbedingungen oder Kundenbedürfnisse kann der jeweils nächste Schritt ganz anders angegangen werden. Das langfristige Ziel wird im Sinne einer Vision oder eines Fixsterns beschrieben und kommuniziert, um auch in einem komplexen Projekt einen Orientierungspunkt für alle zu haben. Eine detaillierte Ergebnisplanung gibt es dann aber nur für den nächsten Sprint, also Projektabschnitt.

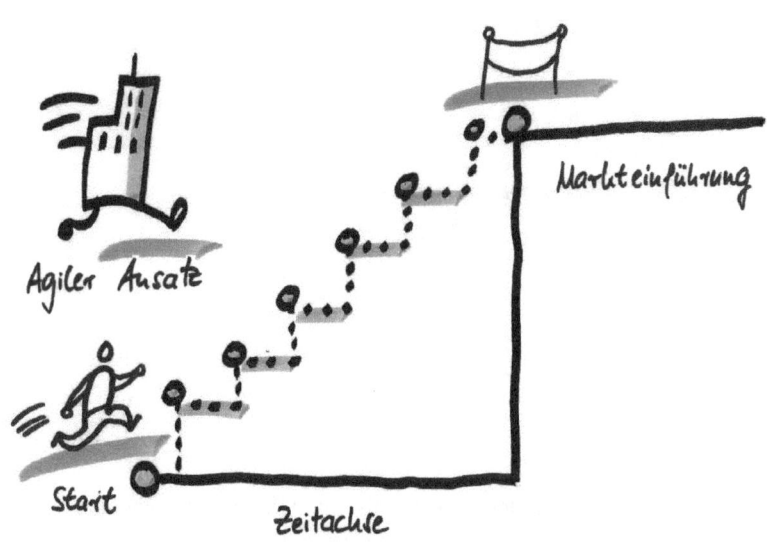

Das Team erarbeitet gemeinsam:
1. Das Projektziel, die Vision zum Beispiel »Wo wollen wir in einem Jahr stehen?«
2. Die Etappenziele, eine Etappe dauert in der Regel drei Monate.
3. Die Sprintziele, ein Sprint dauert in der Regel zwei Wochen.

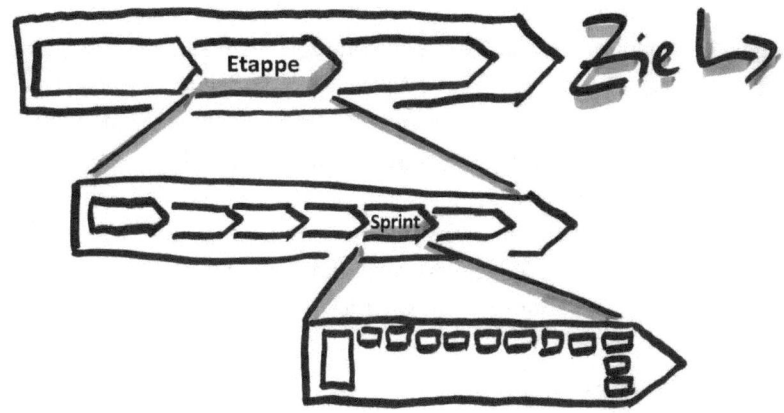

Bei klassischen Zwei-Wochen-Sprints führt dies zu sechs Sprints pro Etappe. Die einzelnen Sprintziele sind so definiert, dass sie in Summe zum Etappenziel führen. Dabei wird davon ausgegangen, dass in den ersten fünf Sprints einer Etappe Ergebnisse geliefert werden können. Der sechste Sprint, der sogenannte Integrationssprint, wird dafür genutzt, die Ergebnisse zu sichern und mögliche Fehler oder Probleme zu lösen.

»Agil funktioniert genau deswegen, weil es nicht Wischi-Waschi ist!« Pü

2. Eine neue Form der Zusammenarbeit: Agile Gesetze

Teams, die agil arbeiten, leben eine ganz neue Form der Zusammenarbeit. Denn das Ziel ist, den höchstmöglichen Grad an Selbstorganisation und Selbstführung zu ermöglichen. Also brauchen wir ein anderes, neues Verhalten, eine neue Arbeitsweise. Diese kann sich nur bei radikaler Anwendung der agilen Prinzipien durchsetzen:

Rigorose Offenheit

Ein Thema ist für alle offen. Wird eine neue agile Zelle gebildet, können sich alle Mitarbeiter, die Interesse am Thema haben, bewerben. Man muss nicht mehr über gute Beziehungen verfügen, um an coolen Projekten mitarbeiten zu dürfen. Die Schlüsselfrage ist: »Welche Fähigkeiten brauchen wir im Team?« Die Grenzen des Teams sind nach innen und außen offen. Passt ein Teammitglied von seinen Stärken oder Ergebnissen doch nicht ins Team, wird getauscht. Auch von außen kann ein neues Mitglied zum Beispiel ein Kunde, ein Lieferant, Coach oder anderer Experte ins Team kommen, wenn es gerade sinnvoll ist. Feedback und Fehlerkultur werden als wichtige Bausteine verstanden, kontinuierlich besser zu werden. Fehler werden offen und konstruktiv angesprochen. Es herrscht eine direkte und offene Kommunikation: Es wird sportliches Feedback gelebt!

Maximale Transparenz

Es wird ein Maximum an Transparenz erschaffen: Aufgaben, Abläufe und Ergebnisse sind für alle sichtbar. Auch über ungelegte Eier und schwirrende Themen wird offen diskutiert. Eine klar definierte Meetingkultur und Reflexionskreisläufe ermögli-  chen eine gemeinsame Betrachtung des eigenen Tuns und der Ergebnisse. Die permanente Reflexion liefert Ansatzpunkte für gemeinsames Lernen und laufende Verbesserungen. Wissen wird offen weitergegeben.

Selbstorganisation und Führung

Es gilt: So wenig Hierarchie wie möglich! Beim Projektstart einer neuen agilen Zelle wird genau definiert, wer was, wie und wo an Aufgaben macht. Es werden verbindliche Vorgaben gemacht und Entscheidungen getroffen. Allein der Mix aus Rollen und Aufgaben bestimmt den Status der Teammitglieder.

Viele implizite Regeln

Die Kommunikation ist informell und persönlich. Es herrscht eine Atmosphäre von Vertrauen, Gestaltungsfreiraum ist möglich. Explizite Regeln werden nur minimal-invasiv genutzt.

Meritokratie

Wer macht, bestimmt! Die Macher-Helden sind die Chefs, damit erfolgt eine Hierarchieumkehr. Klassische Chefs werden Dienstleister für das Team und unterstützen es so, dass der größtmögliche Nutzen für den Kunden erzeugt wird.

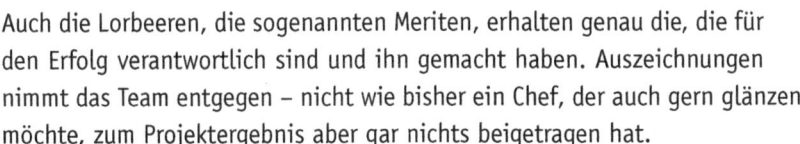

Auch die Lorbeeren, die sogenannten Meriten, erhalten genau die, die für den Erfolg verantwortlich sind und ihn gemacht haben. Auszeichnungen nimmt das Team entgegen – nicht wie bisher ein Chef, der auch gern glänzen möchte, zum Projektergebnis aber gar nichts beigetragen hat.

Trial und Error Stil

Es wird bewusst mit der Lernmethode »Versuch und Irrtum« gearbeitet. Dabei wird so lange durch Ausprobieren nach Lösungen gesucht, bis die gewünschten Ergebnisse erzielt werden. Die Möglichkeit von Fehlschlägen wird bewusst in Kauf genommen. Der Glaubenssatz »Man kann nur aus Fehlern lernen« gilt auch in dem Moment, wo ein Fehler gemacht wurde!

3. Entscheidungsmacht dezentralisieren

Agiles Arbeiten braucht aber vor allem eins: dezentralisierte Entscheidungsmacht (Pfläging 2014). Entscheidungen müssen da getroffen werden, wo Markt- und Kundenkontakt besteht, nicht isoliert aus der Chefetage heraus. Zentralisierte Entscheidung und Steuerung verhindert Flexibilität und Kundenorientierung. Aber sie verhindert vor allem, dass Mitarbeiter vom Markt lernen und durch ihre selbst getroffenen Entscheidungen permanent in ihren Soft Skills mitwachsen können. Nils Pfläging, Vordenker der agilen Prinzipien, bringt es auf den Punkt: »Diese Organisationen verblöden«. Laut Pfläging ist das Komplexitätsdilemma nur durch Dezentralisierung zu lösen: »In dynamischen Märkten ist die konsequente Rückgabe von Entscheidungsmacht an Teams und Mitarbeiter mit direktem Marktkontakt der einzige Weg aus dem aktuell vorherrschenden Steuerungsversagen«. Die Steuerung per Weisung und Kontrolle wird abgelöst durch Selbstführung der Mitarbeiter in dem sie wahrnehmen und erwidern.

Durch die Abgabe von Verantwortung an Mitarbeiter und Teams wird Autorität geteilt. Und darin liegen zwei riesengroße Chancen für Unternehmen:

- Es kann wieder schneller und flexibler auf Kundenbedürfnisse reagiert und auch mit komplexen Themen umgegangen werden.
- Mitarbeiter wachsen in ihren Sozialkompetenzen, können selbst gestalten und sind wieder mit Freude dabei.

So weit so gut! Angenommen, Sie sind überzeugt, dass auch in Ihrem Unternehmen die Anwendung der agilen Prinzipien einen Entwicklungsschub bewirken würde. Dann stellen wir uns jetzt der Frage: Wie starten wir ein Projekt nach agilen Prinzipien und zwar so, dass unser Handeln Erfolg hat und wir nicht Chaos erzeugen?

Wenn man eine hierarchische Struktur hat und trotzdem effizient und schnell, also nach agilen Prinzipien arbeiten möchte, hilft eine schöne Metapher (Sobanski 2016):

- Unser Unternehmen, mit stabilen vertikalen Strukturen und fest definierten Prozessen ist der Tanker.
- Unser Pilotprojekt, unsere erste agile Zelle die nach agilen Prinzipien arbeitet, ist das Schnellboot.

Da es viel zu lange dauern würde, den ganzen riesigen Tanker zu bewegen, lösen wir ein Schnellboot vom Tanker ab. Sitzen die Richtigen im Boot und sind diese mit den richtigen Vollmachten ausgestattet, kann das Schnellboot den Tanker tatsächlich drehen!

Oft ist es gerade für viele alteingesessene Abteilungsleiterfürsten mit Machtansprüchen nicht so einfach zuzuschauen, dass es plötzlich ein Schnellboot gibt, welches unabhängig vom Hierarchie-Gedöns des Tankers einfach loslegt. Daher ist es elementar, die Regeln für das Initiieren einer agilen Zelle zu beachten:

Schnellboot-Regeln:
* Halte den Kreis klein! (sechs bis acht Teammitglieder)
* Wähle die jungen Wilden und zwar nach Stärken, Talenten und Fähigkeiten, unabhängig von Abteilung und Hierarchie-Ebene!
* Gib ihnen alle Freiheiten!
* Stelle die kontinuierliche Kommunikation zur ersten Führungsebene sicher!
* Sorge für schnelle Erfolge!

Das Team braucht auf jeden Fall einen Chef als Machtpromoter, also einen echten Welpenschutz. Ohne diesen ist es unrealistisch, den Machtspielchen der Silofürsten standzuhalten. Gerade, wenn das Team nun plötzlich Maßnahmen angeht, über die andere schon lange geredet aber nie etwas umgesetzt haben. Das Team braucht von Anfang an die Rückendeckung vom Chef, zum Beispiel durch eine ganz offene Kommunikation des Auftrags.

Zweitens ist es elementar, Quick Wins Aufsehen zu erregen und dadurch die agile Zelle in den Burgfestungsstrukturen der Organisation hoffähig zu machen. Im Regelfall sorgen allerdings die Horchposten der Abteilungsfürsten schon dafür, dass alle Informationen ins Unternehmen durchsickern. Daher ist wichtig, dass es recht schnell positive Erfolge zu vermelden gibt.

Wie bringe ich die agile Zelle schnell in Performance?
Wichtig ist, dass Sie zum Start Rolle, Auftrag und Ziele des Teams genau definieren. Nehmen wir ein Beispiel:

Rolle:
• Projekt-Team Social Media 2.0

Auftrag:
• wirksame Sofortmaßnahmen entwickeln
• klären, wer was macht und bis wann
• Umsetzung anschieben

Ziele und Maßnahmen:
• drei Social Media Accounts eröffnen
• Newsletter Konzept: ein Newsletter pro Monat
• Salesblitz einführen
• Google Anbindung starten

Spielregeln:
• Jeder macht nur das, was er gut kann.
• Wir treffen uns alle zwei Wochen freitags von 11 bis 12.30 Uhr.
• Wir kommunizieren per Mail und stimmen uns über WhatsApp ab.
• Hier gibt's keinen Chef, wir sind alle gleichberechtigt.
• Nach der Freitagssitzung gibt's eine Mail an die GF mit den Ergebnissen.
• Einer aus dem Team hält den Kontakt zur GF bezüglich Budget und inhaltlicher Freigabe.

IMPULS 12: HEUTE SCHON RICHTIG GEFRAGT?

Was muss die Führungskraft der Zukunft können? Wenn es keinen großen, sicheren Plan mehr gibt, dem man folgen kann. Wenn Mitarbeiter nicht mehr fest in einer Abteilung arbeiten, sondern in ständig wechselnden Projektteams. Wenn das Ursache-Wirkungsprinzip, sprich ich tue etwas und kann die Wirkung genau einschätzen, nicht mehr funktioniert. Sie muss vor allem eins haben: Die Fähigkeit, ergebnisoffene Prozesse zu gestalten und Menschen zu vernetzen.

Sie muss in ihrer Haltung weg vom guten alten mechanistischen Weltbild: Anordnungen geben und einen linearen Fortschritt erwarten. Und davon auszugehen, dass es »richtig« und »falsch« gibt. Sie muss hin zu einer Haltung, in der es viele subjektive Wahrheiten geben darf. In der »richtig/falsch« also vom Kontext abhängig ist und in der Widersprüche integriert werden. Der Blick der Führungskraft ist dann weniger auf Ursachen gerichtet, sondern auf Zusammenhänge und Wechselwirkungen. Das Ursache-Wirkung-Prinzip, das so viele Jahre unser Denken und Handeln bestimmt hat, hat ausgedient. Unternehmensleitung, Mitarbeiter, Kunden, Lieferanten, Gesellschafter und sogar Mitbewerber bilden ein Netzwerk, ein Ganzes. Dieses Ganze funktioniert als lebendiges System, dessen Dynamik zwar beeinflussbar, jedoch nicht linear steuerbar ist.

Jede Handlung wirkt sich auf vielfältige Art und Weise auf das Gesamtsystem aus.

Im Prinzip kann man sich ein Unternehmen wie ein Mobile vorstellen: Stupst man es an einer Stelle an, wackelt es an mehreren Stellen. Man weiß weder genau an welcher, noch an wie vielen Stellen. Und es ist auch nicht vorhersagbar, wie lange das Mobile braucht, um wieder in Balance und Ausgeglichenheit zu kommen – also wie stark genau die Verstörung des Systems war. Es wirkt der systemische Grundsatz:

»Jeder einzelne Impuls verändert das ganze System!«

Und genauso müssen wir ein Unternehmen verstehen: als lebendiges System. Ändern wir an einer Stelle im Unternehmen etwas, hat das Auswirkungen an allen möglichen Stellen. Denn in lebendigen Systemen erzeugt ein Impuls immer auch Wechselwirkungen und diese sind nie ganz vorhersehbar. Dadurch entwickelt jedes System eine Eigendynamik, die nie vollständig beeinflussbar ist.

Es geht in Zukunft darum, die Gesamtheit von Prozessen, Wechselwirkungen und Zusammenhängen zu erfassen, um Verhaltensmuster im Team und Entwicklungstendenzen der Prozesse zu erkennen. Es geht darum, dass sich eine Führungskraft eher als Impulsgeber versteht und neben den harten Faktoren wie Zielvereinbarungen und Qualitätsstandards auch die weichen Faktoren wie Emotionen und zwischenmenschliche Aspekte einbezieht. Nur so können Erneuerungsprozesse initiiert werden, die das Unternehmen langfristig überlebensfähiger und erfolgreicher machen.

Neue Evolutionsstufe: das Systemische Weltbild

Sehr hilfreich ist dafür, die konstruktivistische Sicht einzunehmen, dass es nämlich gar keine »richtige Sicht« und keine »allgemeingültige Wirklichkeit« gibt. Der Sprachwissenschaftler Paul Watzlawick bringt die Kernthese des Konstruktivismus auf den Punkt: »Es gibt keine Wirklichkeit an sich, sondern jeder, der etwas wahrnimmt, konstruiert sich seine Wirklichkeit selbst. Es gibt nicht die eine Wahrheit.«

Also sollten wir als Führungskraft auch nicht mehr nach dem Prinzip führen, dass wir ein Verhalten schlicht in »richtig« oder »falsch« beziehungsweise Mitarbeiter in die Kategorie »schuldig« oder »unschuldig« einsortieren können. Dieser systemische Grundsatz bringt es auf den Punkt:

»Wenn du die Wahrheit hast, dann denk das Gegenteil, dann hast du das Ganze.«

Mechanistisches Weltbild

Verkehrsampel

Es gibt Objektivität: »So sehe ich es, also ist es auch so.«

Die Welt ist so und so ...

Richtig-falsch-Denke

$1 + 1 = 2$

»Du bist ...«

Fragt nach dem Warum

Was ist das Problem und wie kam es dazu?

Lineares Denken: Wenn wir die Ursache eines Problems finden, können wir die Wirkung erklären und kontrollieren.

analog

Fertige Antworten parat haben

Betrachtung des Offensichtlichen und Messbaren

Systemisches Weltbild

Kreisverkehr

Jeder Mensch konstruiert sich seine eigene, subjektive Wahrheit

Die Welt ist so, wie du sie siehst

Sowohl-als-auch-Denke

$1 + 1 = 3$

»Menschen sind nicht, sie verhalten sich«

Fragt nach dem Wie

Wie soll es in Zukunft sein?

Zirkuläres Denken in Wechselwirkungen: Die Welt ist komplex miteinander verbunden und jeder Flügelschlag hat Auswirkungen auf das Ganze.

vernetzt

Fragen stellen

Versuchen, das große Ganze zu erfassen und Zusammenhänge zu erkennen

»Systemisch denken heißt zirkulär zu denken: Alles hat wechselseitig Einfluss aufeinander. Es gibt daher keine eindeutigen ›Ursachen‹ oder ›Schuldigen‹, sondern nur Beteiligungen von unterschiedlicher Art und Ausmaß.«

Sonja Radatz

Die Führungskraft der Zukunft sollte die Fähigkeit dazu haben, verschiedene Perspektiven, Meinungen und Interessen von Mitarbeitern zusammenzubringen, anstatt diese zu unterdrücken oder gar zu ignorieren. Es gilt durch aktives Zuhören und kluge Fragen eine gute Reflexion und einen inspirierenden Dialog zu erreichen. Und auf Basis dieser aus vielfältigen Perspektiven betrachteten Standortbestimmung das Team dazu zu befähigen, eine neue Lösung zu erarbeiten.

Für diese Prozessbegleitung ist die Führungskraft der Zukunft zuständig! Sie ist eher Befähiger des Teams, immer wieder aus sich selbst heraus Lösungen zu entwickeln und umzusetzen. Sie ist schon lange nicht mehr der Macher, der die passende Lösung parat hat und versucht, diese durchzudrücken. Die Führungskraft der Zukunft lebt die Rolle des Gestalters, der das Team immer mehr zu Selbstorganisation und Selbststeuerung befähigt.

Systemische Fragen: Neue Perspektiven finden

Es ist Aufgabe der Führungskraft, bei auftretenden Problemen oder Konfliktsituationen dafür zu sorgen, die verschiedenen Sichtweisen der Teammitglieder herauszuarbeiten, zu differenzieren und klar zu formulieren. Hört sich vielleicht ganz einfach an, ist aber eine echte Königsdisziplin! Denn erstens gibt es immer einige Mitarbeiter, die mit ihrer Meinung nicht direkt rausrücken. Sei es, weil ein Kollege gerade sehr dominant aufgetreten ist oder weil sie generell erst mal abwarten wollen, was die anderen so sagen.

Zweitens gibt es oft die Situation, dass Mitarbeiter ihren eigenen Vorschlag für den besten halten und sich schwer damit tun, andere Ideen zu akzeptieren. Manchmal haben sie sich an einem Aspekt festgebissen oder in einer Meinung verrannt. Es ist dann schwer bis unmöglich für den Einzelnen, diese

FRAGEN STELLEN IST WIE IN DEN BUSCH ZU SCHIESSEN UND ZU GUCKEN, OB EIN HASE RAUSKOMMT

PÜ

zementierten Denkmuster aus eigener Kraft zu verlassen. Oft ist der Mitarbeiter extrem mit dem Problem verhaftet und verstärkt es dadurch unbewusst immer mehr. Man nennt dieses Phänomen auch Problemtrance. Um Menschen oder ganze Teams aus der Problemtrance zu holen und in den Lösungsraum zu führen, hilft nur eins: die richtigen Fragen stellen.

Und sicher kennt auch jeder Situationen, in denen sich Diskussionen im Kreis drehen und sich ein Problem als scheinbar unlösbar darstellt. Auch da hilft es, wenn Sie als Führungskraft eine Geheimwaffe auf Lager haben: Systemische Fragen.

Systemische Fragen bewirken, dass der Mitarbeiter Distanz zum eigentlichen Problem bekommt, sich also emotional dissoziiert. Oft ist es allein dadurch schon möglich, das Denken wieder einzuschalten und eine neue Lösung zu finden. Systemische Fragen sind nie suggestiv und es geht nicht wie bei den Wieso-Weshalb-Warum-Klassikern darum, einen Schuldigen zu finden. Denn hier steht nicht der Erkenntnisgewinn des Fragenden im Fokus, sondern immer die Eröffnung neuer Perspektiven. Mithilfe der systemischen Fragen wird der Gesprächspartner angeregt, die eingefahrenen Denkbahnen zu verlassen, neue Sichtweisen auf das Problem und Lösungsalternativen zu entwickeln.

Syestemische Fragen bringen Menschen aus der Problemtrance in den Lösungsraum.

Systemische Fragen: Unsere TOP 5!

Zum Thema »die richtigen Fragen stellen« gibt es einen Klassiker: *Die 500 besten Coaching-Fragen* von Martin Wehrle (2017), eine wahre Inspirationsquelle. Allerdings geht es uns eher darum, dass Sie das kleine Einmaleins an Fragen wirklich im Alltag anwenden und nicht Hunderte Fragen kennen. Nur der tägliche Einsatz an der Front kann den Quantensprung bewirken!

Skalen-Fragen

Anlass:
- bei schwammigen, widersprüchlichen Aussagen und Einschätzungen
- bei gefühlter Überforderung und Komplexität

Ziel:
- sich festlegen und Position beziehen
- Fokussierung auf das Wesentliche und Reduktion von Komplexität
- fragt nach dem Unterschied

Mit der Skalen-Frage kann man Probleme in das richtige Verhältnis setzen. Wirkt ein Problem oder eine Situation einschüchternd oder kaum zu bewältigen, kann durch die richtige Art der Frage das Anliegen plötzlich viel kleiner

und beherrschbar erscheinen. Durch die anschließende Frage nach dem Ideal-
zustand kann direkt ein Ziel erarbeitet werden.

Beispielfragen:
* Stellen Sie sich eine Skala von 0 bis 10 vor, wobei 0 »unbeherrschbar«
  bedeutet und 10 »Ich habe eine Lösung gefunden«. Wo stehen Sie jetzt?
* Wo auf dieser Skala zwischen 0 bis 10 möchten Sie idealerweise hin?
* Was bräuchten Sie, um auf 12 zu kommen?

Zirkuläre Fragen

Anlass:
* wenn jemand nur die Sicht auf sich selbst hat
* Konflikte im Team
* Denkblockaden

Ziel:
* erforscht das ganze System und bezieht Außenstehende virtuell mit ein
* unterschiedliche Wahrnehmungen der gleichen Situation transparent
  machen
* ganz neue Ideen ins Spiel bringen

Die zirkulären Fragen sind großartig dafür geeignet, die Aufmerksamkeit auf
die Wahrnehmung des/der Anderen zu lenken. Das macht besonders bei sehr
emotionalen Typen Sinn, die sich in einer Situation gefühlt um-sich-selbst-
drehen. Zirkuläre Fragen helfen, neue Perspektiven einzunehmen und machen
Wechselwirkungen sichtbar.

Beispielfragen:
* Wie würde sich die Situation aus Sicht der Kolleg(inn)en der anderen Abteilung darstellen?
* Was würde denn Ihr Abteilungsleiter sagen, wenn ich ihn fragen würde,
  was es hier gerade braucht?

- Wenn Sie zwei Menschen in diesen Raum beamen könnten, die Ihnen in dieser Situation am besten helfen könnten, wer würde dann gleich hier reinspazieren?

Hypothetische Fragen

Anlass:
- der Mitarbeiter steckt im Problem fest
- bei sehr rationalen Menschen, um die Kreativität anzuregen
- wenn der Zielzustand definiert werden soll

Ziel:
- Türöffner für neue Ansätze in vielen Richtungen
- ausschalten von limitierenden Faktoren wie Bedenken und Zweifel
- gedanklich so tun als ob, gedankliches Probehandeln
- bauen ein neues Szenario auf

Beispielfragen:
- Angenommen, Ihr Problem hätte sich gelöst, was wäre dann anders?
- Nehmen wir mal an, Sie hätte ein unbegrenztes Budget, wie würden Sie das Projekt denn dann angehen?

Lösungsorientierte Fragen

Anlass:
- der Mitarbeiter steckt in der Problemtrance fest
- wenn die Diskussion immer wieder um die Defizite kreist

Ziel:
- Suche nach Ausnahmen zum Problemzustand
- Suche nach Best Practice
- Fokus auf vorhandene Ressourcen und mögliche Lösungen lenken

Beispielfragen:
- Wann lief oder läuft es gut?
- Woran würden Sie merken, dass Sie Ihr Ziel erreicht haben?
- Was ist für einen reibungslosen Ablauf notwendig?
- Welche Ihrer Fähigkeiten oder Stärken kann Sie dabei unterstützen?
- Wer kann noch dazu beitragen, dass die »guten Ausnahmen« häufiger werden?

Paradoxe Fragen

Anlass:
- Auflockerung in erstarrten Situationen
- Einordnung von Problemen und Anliegen

Ziel:
- Irritation erzeugen, um die Kreativität anzuregen
- neue Handlungsoptionen erkennen

Beispielfragen:
- Was müssen Sie tun, damit das Problem noch schlimmer wird?
- Wie können Sie das Projekt völlig zum Scheitern bringen?
- Wie könnten Sie erreichen, dass Ihr Abteilungsleiter total wütend wird?

Die Wirkung von paradoxen Fragen kann nur eintreten, wenn man sich auf die Fragen einlässt. Man darf erst mal schmunzeln, sollte dann aber ernsthaft damit arbeiten!

Ist es für Ihre Mitarbeiter ganz neu, dass Sie in Gesprächen und Meetings nun mit Fragen arbeiten, sollten Sie dies vorher ankündigen.»Ich stelle dazu mal ganz bewusst eine Frage, die zum Nachdenken anregt und uns vielleicht auf neue Wege bringt ...«

Übrigens ...

»Eine Frage ist das Versprechen zuzuhören.«

Dietmar Kröber

Denken Sie immer daran, dass Sie daran arbeiten, jahrelang eingefahrene Muster zu durchbrechen. Es braucht Zeit, Antworten und damit Ideen zu entwickeln, die wirklich neu sind. Daher ist eine der größten Herausforderungen für Sie als Führungskraft, Geduld aufzubringen. Vielleicht hilft Ihnen die Sichtweise von Gunther Schmidt, der die Zeit zwischen dem Stellen der Frage und der Antwort als die »heilige Zeit des Kunden« bezeichnet hat. Heißt: Wenn man diese durch weitere Fragen oder ungeduldige Gesten unterbricht, wird der Gedankengang des Mitarbeiters gestoppt. Man reißt ihn förmlich aus dem Denkprozess heraus und verhindert damit das Finden einer Idee oder Lösung.

Die Coaching-Haltung

Die Coaching-Haltung hat eine große Macht. So wie der Stein der Weisen unedle in edle Metalle verwandeln und eine Transformation des niederen in das höhere Selbst bewirken kann, ebenso kann ein gutes Gespräch in der richtigen Haltung eine Veränderung auslösen. Die Coaching-Haltung kann dafür sorgen, dass Menschen von alten Verhaltensmustern loslassen und neue ausprobieren. Und das kann eben nur geschehen, wenn der Mensch in seine Eigenverantwortung kommt. Daher lässt die Coaching-Haltung die Problemlösung dort, wo das Problem entstanden ist: Beim Mitarbeiter oder Team, ganz nach dem Motto »Der Profi für das Problem ist auch der Profi für die Lösung.« Die Führungskraft gibt durch ihre Fragen nur die Möglichkeit, neue Perspektiven auf das Problem einzunehmen und neue Lösungsansätze zu entwickeln. Sie gibt damit den Anstoß für die Problemlösung. Das Gute daran: Damit entfällt der Druck, als Führungskraft ständig die besten Ratschläge für die Probleme der Mitarbeiter parat haben zu müssen. Die Leistung der Führungskraft besteht nicht mehr darin, die beste Lösung zu entwickeln. Die Leistung der Führungskraft ist die Prozessunterstützung von der Problem-Analyse bis zur

Umsetzung einer neuen Lösung. Und wenn wir wollen, dass unsere Mitarbeiter lernen, sich mehr und mehr selbst zu organisieren, müssen wir sie auch dazu befähigen, für ihre Probleme selbstständig Lösungen zu entwickeln.

Denkweisen, die zur Coaching-Haltung (Radatz 2013) führen:
- Ich muss nur die richtigen Fragen stellen, nicht die Antworten finden!
- Es geht mir darum, dass der Mitarbeiter die Fähigkeit entwickelt, seine Probleme in Zukunft selbst lösen zu können!
- Dadurch spare ich langfristig Zeit!
- Vielleicht kann ich aus der Problemlösung des Mitarbeiters sogar selbst etwas lernen!

»Insgesamt spart diese Haltung Zeit und verhindert den Burn-out der Führungskraft. Sie verschiebt die Expertise hin zum Mitarbeiter und stärkt dessen Selbstvertrauen.«

Sonja Radatz

IMPULS 13: ZIELVEREINBARUNGEN NEU DENKEN

Machen Zielvereinbarungen überhaupt Sinn? Ist es nicht oft so, dass wir mit Bauchweh an die nächste Runde ZV-Gespräche denken? Manchmal weil man sich schon sicher ist, das Mitarbeiter A sein Ziel sowieso wieder nicht erreicht hat und man es wohl wieder ins nächste Jahr mitschleppt. Manchmal weil man gerade auch nicht weiß, welches Ziel man Mitarbeiter B nun setzen soll. Vielleicht weil im Großen und Ganzen alles gut läuft oder weil dieser sich immer wieder selbst neue Ziele setzt. Wie auch immer, eins ist auf jeden Fall unumstritten: Ziele geben Orientierung. Im Prozess der Zieldefinition verschafft man sich Klarheit darüber, was man genau möchte und was nicht. Man setzt sich mit seiner Vision, seinen Wünschen und aktuellen äußeren Einflüssen auseinander. Man richtet den Fokus darauf, wo man gern stehen will und entwickelt ein immer klareres Bild vom gewünschten Zustand.

Ein weiterer wichtiger Grund, sich Ziele zu setzen ist die Wirkung, die Ziele auf unsere Motivation haben. Jedes erreichte Ziel ist ein gefühltes Erfolgserlebnis. Und nur Erfolgserlebnisse führen dazu, dass das Selbstvertrauen und damit der Glaube an die eigenen Fähigkeiten gestärkt werden. Jeder noch so kleine erfolgreiche Schritt zahlt auf das Selbstwertkonto ein. Und ist das Ziel für den Menschen echt lohnenswert, wird er auch bei Hindernissen und Schwierigkeiten die Flinte nicht so schnell ins Korn werfen. Der Antrieb durchzuhalten und auch Rückschläge in Kauf zu nehmen ist größer. Ohne Ziel neigt man bei Schwierigkeiten nämlich schneller dazu, nur noch das wahrzunehmen, was nicht klappt oder was man nicht kann. Ein Ziel, dass ein echter Magnet ist, hat die Macht einen Menschen auch durch Krisen zu tragen. Gleichzeitig braucht man klar definierte Ziele, um Erfolg überhaupt messen zu können. Nur wenn ich eine Messlatte habe, wohin der Mitarbeiter sich entwickeln soll, kann ich bewerten ob er einen Entwicklungsschritt gemacht hat und positives Feedback geben.

Natürlich ist es gerade dann, wenn mehrere Menschen zusammenarbeiten essenziell, Ziele zu definieren. Denn sonst kann es passieren, dass jeder eine andere Interpretation davon hat, was das Ziel ist. Unternehmensziele können überhaupt nur erreicht werden, wenn alle an einem Strang ziehen. Es motiviert jeden Mitarbeiter und jede Abteilung, zu wissen, inwieweit ihre Ziele und Aufgaben zum Gesamterfolg beitragen. Also kommen wir im Unternehmen gar nicht daran vorbei, das Thema »Klare Ziele definieren« als wichtige Unternehmeraufgabe einzuordnen. Und ab und zu lohnt es, sich selbst zu überprüfen, ob man bei manchem Mitarbeiter oder mancher Abteilung in die klassische Falle der Wechselwirkung tritt: Aus dem Gefühl heraus, dass man keine Lust hat hinterher dranbleiben zu müssen, setzt man lieber gar kein Ziel. Das ist eine der größten Gefahren für das Unternehmen. Die Menschen schwimmen im Glauben, dass schon alles gut, läuft quasi orientierungslos durch den Tag. Das erzeugt bei dem einen Mitarbeiter wilden Aktionismus, andere lassen sich in ihre Komfortzone fallen.

Das Gegenteil davon sind Führungskräfte, die permanent ein Ziel nach dem anderen drauflegen und dadurch Druck erzeugen. Die Reaktion der Mitarbeiter ist dann allerdings, den Dauerbeschuss an sich abperlen zu lassen, weil das Fass für sie gefühlt voll ist.

Es macht Sinn, sich als Unternehmer und Führungskraft ab und an die Zeit zu nehmen und sich selbst zu reflektieren: Wie ist der aktuelle Status, sind die Unternehmensziele klar formuliert? Kennen alle Mitarbeiter diese? Sind die Abteilungsziele in jeder Abteilung klar? Wird die Umsetzung überprüft? Hat jeder Mitarbeiter ein bis zweimal pro Jahr sein persönliches Entwicklungsgespräch? Werden dabei die Ziele so formuliert, dass sie motivierend sind und zu einem Erfolgserlebnis führen können?

Und dann entscheiden Sie, was in Ihrem Unternehmen gerade am meisten Sinn macht:

- Erst mal für klar formulierte Ziele sorgen und zwar in allen Bereichen und für alle Mitarbeiter. Dabei hilft die Anwendung der SMART-Formel.
- Die Zielvereinbarungsgespräche in Ihrem Unternehmen neu beleben und in echte Entwicklungsgespräche wandeln. Dabei hilft die Anwendung von systemischen Fragen in Kombination mit der SMART-Formel.

Die S M A R T -Formel

Die gute alte SMART-Formel ist in vielen Unternehmen bereits eine fest-gelegte Methode, die von den Führungskräften bei der Zielsetzung beachtet wird. Mithilfe der SMART-Formel werden die klassischen Stolperstellen der Zielformulierung vermieden:

Stolperstelle: Ziele sind so pauschal und schwammig formuliert, dass der Mit-arbeiter nicht erkennen kann, was er konkret machen soll.

Spezifisch
Es wird anhand konkreter Fakten schriftlich fixiert, was genau erreicht werden soll, was also nach Umsetzung des Projektes oder der Maßnahme entstanden ist.

Stolperstelle: In der Zielformulierung sind keine Kriterien enthalten, anhand derer man den Erfolg feststellen kann.

Messbar
Es werden Kriterien vereinbart, anhand derer die Erreichung des Ziels überprüft wird.

Stolperstelle: Das Ziel wird vom Mitarbeiter als unwichtig und damit langweilig empfunden und sinkt somit auf seiner Prioritätenliste auf die unteren Plätze.

Attraktiv
Das Erreichen des Ziels ist eine Herausforderung und etwas, was dem Mitarbeiter wichtig ist.

Stolperstelle: Das Ziel ist so hoch gegriffen, dass es aus Sicht des Mitarbeiters völlig utopisch ist, es zu erreichen.

Realistisch
Das Ziel ist anspruchsvoll, aber erreichbar. Es ist keine Illusion.

Stolperstelle: Es gibt keinen Zeitpunkt, wo Bilanz gezogen wird oder das Projekt ganz beendet sein soll. Es kann passieren, dass der Mitarbeiter das Projekt ewig nach hinten schiebt oder zwischendurch aufgibt, ohne dass es auffällt.

Terminiert
Der Zeitraum für die Zielerreichung beziehungsweise einzelner Etappen wird festgelegt.

Okay, es hört sich vielleicht etwas dramatisch an. Auf den ersten Blick könnte man meinen, mit der SMART-Formel zu arbeiten lohnt sich nur für große Ziele. Also echte Projekte oder Jahres-Zielvereinbarungen. Das sehen wir anders. Unserer Erfahrung nach kann man sehr viel bewirken, wenn man auch kleinere Ziele oder Verhaltensziele anhand der SMART-Formel formuliert.

Nehmen wir ein Beispiel: In einem erfolgreichen Unternehmen aus dem Einzelhandel herrschte beim Thema »Tägliches Verräumen der neuen Ware« im ganzen Team großer Frust. Gefühlt waren es immer dieselben, die die täglich eintreffende Neuware verräumten. Einige Mitarbeiter hatten aus ihrer Sicht berechtigte Einwände wie: »Ich hatte Kunden«, »Wir müssen ja die Pausenzeiten einhalten« oder »Ich kann das nicht so gut«. Gleichzeitig bestand generell das Bedürfnis, die Zusammenarbeit zu verbessern. Der Abteilungsleiter beobachtete die Situation und kam zu der Entscheidung, bei einigen Kolleg(inn)en das Thema im jährlichen Mitarbeitergespräch als Ziel zu formulieren. Aus seiner Sicht hatte das Verhalten, gerade weil es täglich für Demotivation im Team sorgte, einen wesentlichen Einfluss auf die Gesamtzufriedenheit der Mitarbeiter. Also kam es auf seiner To-do-Liste in die Kategorie »Wichtig« und wir formulierten den Bedarf exemplarisch anhand der SMART-Formel als Ziel:

Spezifisch
Ich räume die Ware zeitnah weg inklusive Umbau von Präsentationsflächen oder Wechsel der Ständer ...

 Messbar
... am Tag des Wareneingangs!

 Attraktiv
Das trägt zur Kooperation im Team bei, mein Ansehen im Team wird sich verbessern, ich erhalte die Anerkennung der Kollegen.

 Realistisch
Es liegt zu 100 Prozent in meinem Einflussbereich. Ich kann es trotz Kunden oder Pausenzeiten organisieren. Wenn ich nicht weiß, wie ich es machen soll, frage ich eine Kollegin/einen Kollegen.

 Terminiert
Ich setze das Ziel ab morgen um, es gilt dauerhaft. In zwei Wochen gibt es dazu ein Feedbackgespräch mit meinem Abteilungsleiter.

Um die Nachhaltigkeit zu sichern, fügten wir bei »T« den Termin für ein Feedbackgespräch mit dem Abteilungsleiter hinzu. Natürlich mit dem Wunsch, positives Feedback zur Stimmung im Team geben zu können. Falls sich das Verhalten nur sporadisch geändert hat, braucht es auf jeden Fall ein Nachlegen durch die Führungskraft. Manchmal kommt die Botschaft, dass es der Führungskraft ernst ist nur beim Mitarbeiter an, weil es eine Kontrolle gibt.

Die SMART-Formel in Kombi mit systemischen Fragen
Die Kombination der SMART-Formel mit systemischen Fragen führt zu einer neuen Qualität der Ziele. Da der Mitarbeiter seine Ziele selbst erarbeitet, liegt der Fokus wirklich auf der Personalentwicklung. Die Basis für den Erfolg des Gesprächs ist vor allem eins: Die richtige Haltung der Führungskraft. Die Coaching-Haltung geht davon aus, dass der Mitarbeiter der Experte für seine

eigenen Ziele ist. Und damit liegt die Aufgabe für die Inhalte und Definition der Ziele nicht mehr bei der Führungskraft. Das hat enorme Vorteile für Sie:

1. Der Mitarbeiter arbeitet! Anhand der Fragen führt die Führungskraft den Mitarbeiter zur Zielformulierung, die Denkarbeit macht der Mitarbeiter aber selbst. Sie fragen einfach munter weiter, bis Sie zu allen fünf Kriterien der SMART-Formel mindestens einen klaren Fakt, eine klare Aussage haben. Daraus formulieren Sie gemeinsam am Ende des Gesprächs ein bis drei Ziele.
2. Der Mitarbeiter brennt darauf, die Ziele umzusetzen! Im Grunde kann nur jeder selbst wissen, was für ihn ein attraktives Ziel ist und was bei ihm echte Schubkraft auslöst.
3. Sie decken Hindernisse auf! Bei Kriterium »R« erhalten Sie durch die Anwendung systemischer Fragen einen Eindruck, womit der Mitarbeiter sich überfordert oder wo er sich durch Hindernisse blockiert fühlt. Da kommen oft Fakten auf den Tisch, die man als Chef sonst nicht mitbekommt. Man kann Verhaltensmuster, die sich im Team oder Unternehmen über die Zeit ungewollt eingeschlichen haben und den Mitarbeiter ausbremsen, zurechtrücken.
4. Der Mitarbeiter kommt in die Eigenverantwortung! Er bekommt nicht mehr ein Ziel vorgesetzt, das ihn eigentlich gar nicht motiviert. Er übernimmt emotional Verantwortung für die Erreichung der Ziele.

Die SMART-Formel anhand Systemischer Fragen (Kröber 2015)

Spezifisch
• Was genau möchten Sie erreichen?
• Was genau tun Sie dann?

Auf positive Formulierung achten:
Was tun Sie, wenn Sie nicht mehr X tun? Was ist dann stattdessen?

Messbar
- Wie werden Sie wissen, dass Sie Ihr Ziel erreicht haben?
- Woran genau, an welchen Zahlen oder Fakten werden Sie merken, dass Sie Ihr Ziel erreicht haben?

Attraktiv
- Was ist an diesem Ziel wichtig für Sie?
- Was ist das Beste daran?
- Was erfüllt sich damit für Sie?
- Wie bringt es Sie weiter?

Realistisch
- Liegt es in Ihrem Handlungsbereich?
- Was können Sie selbst dafür tun?
- Was müsste sich ändern, damit Sie das Ziel erreichen können?

Terminiert
- Bis wann wollen Sie Ihr Ziel erreicht haben?
- Wann wollen Sie starten?
- Was könnten Sie innerhalb der nächsten 72 Stunden für die Erreichung Ihres Zieles tun?

Im Grunde ist das mit der Motivation nämlich ganz einfach: Stimmen die Ziele, die wir im Entwicklungsgespräch von außen setzen, mit den inneren Motiven überein, landen wir im Epizentrum allen Antriebs: dem Flow.

Was genau ist Flow?
Flow ist nach dem Glücksforscher Mihály Csíkszentmihályi das beglückende Gefühl zwischen Überforderung (Angst) und Unterforderung (Langeweile). Ist der Mensch im Flow-Zustand, braucht er sich nicht erst überwinden, um ins Handeln zu kommen oder ein Projekt endlich zu starten. Im Gegenteil, das Handeln selbst wird als beglückendes Gefühl erlebt: Man geht ganz in seiner Tätigkeit auf und erreicht Ergebnisse wie von selbst. Das Beste am Flow-Zu-

stand ist, dass man sich danach aufgeladen fühlt, selbst wenn man stundenlang produktiv war.

Der Mitarbeiter
im Flow ;)

Leider ist es wenig realistisch, für alle Mitarbeiter Tätigkeiten oder Aufgaben
zu finden, die sie in den Flow-Zustand versetzen. Allerdings helfen systemische Fragen, viel mehr Informationen ans Tageslicht zu bringen, durch was
genau sich der Mitarbeiter intrinsisch motiviert fühlt. Nur dann bekommen
wir eine Ahnung davon, was seine Energie- und Kraftquellen sind. Und wenn
wir versuchen, dass die extern gesetzten Ziele sich so weit wie möglich mit
den inneren Motiven und Zielen decken, besteht die große Chance den Treffer
zu versenken! Auf dieser Basis entwickelte Ziele wirken sehr viel motivieren-
der und führen zu echten Erfolgserlebnissen.

Was tun, wenn der Mitarbeiter durch die Opferbrille schaut?
Leider ist die Opferhaltung in Mitarbeitergesprächen noch ziemlich
verbreitet. Jedes Mal, wenn man fragt, was der Mitarbeiter gern
erreichen möchte, kommt lang und breit die Erklärung, wie
schwer er es hat und weshalb er dies und das nicht erreichen
kann.

Der Fokus liegt eindeutig auf den Umständen, von denen der Mitarbeiter betroffen ist, wie zum Beispiel dem Verhalten von Kollege A oder Abteilungsleiter B oder auf Rahmenbedingungen, die nun mal so sind, wie sie sind, zum Beispiel das man ins Nachbargebäude umziehen oder ein neues Software-Programm eingeführt werden muss.

Hier hilft nur eins: Machen Sie dem Mitarbeiter den Unterschied zwischen dem Betroffenheitsbereich und dem Einflussbereich (Covey 2005) klar. Zum Betroffenheitsbereich gehören alle Ereignisse, die zwar direkten Einfluss auf den Mitarbeiter haben, die aber selbst nicht beeinflussbar sind. Zum Einflussbereich gehören alle Verhaltensweisen, die der Mitarbeiter selbst anwenden kann:

- selbst handeln
- andere zum Handeln bewegen
- eine Handlung bewusst unterlassen

Bei Konzentration auf die Aspekte des Betroffenheitsbereiches nimmt der Mitarbeiter besonders die Umstände wahr, die er nicht ändern kann. Nach dem Motto: »Weil andere so sind, ist es für mich so schwer.« Das kann sich soweit steigern, dass der Mensch seine eigenen Handlungsspielräume nicht mehr wahrnimmt. Dadurch gibt es kaum noch eigene Handlungsimpulse und Ideen, was oder wie man etwas ändern könnte. Der Mitarbeiter braucht einen Sparringspartner, der ihm den Spiegel vorhält, um sein Verhaltensmuster zu erkennen. Ist dies erfolgt, kann man direkt in das Thema »Einflussbereich« einsteigen und diesen aktiv bearbeiten. Lassen Sie den Mitarbeiter Ideen entwickeln, deren Umsetzung ganz und gar in seiner Macht liegt. Stellen Sie ihm Fragen, die zum Nachdenken anregen:

• Was genau können Sie persönlich tun, um den Zustand zu verbessern?
• Was könnten Sie anders tun, als bisher?
• Welche Ihrer Stärken könnte Ihnen dabei helfen?
• Wer könnte Sie dabei unterstützen?
• Was brauchen Sie noch, um den Zustand zu verbessern?
• Was könnten Sie vielleicht unterlassen?

Die Konzentration auf den persönlichen Einflussbereich und die zur Verfügung stehenden Handlungsspielräume führt nach Covey übrigens zu einem sich selbst verstärkenden Prozess: Je mehr der Betroffene sich in seinem Handeln auf die Perspektive des eigenen Einflussbereiches fokussiert, desto aktiver gestaltet er seine Umwelt und desto stärker entwickelt sich wiederum sein tatsächlicher Einflussbereich! Die Aufgabe der Führungskraft ist es, den Mitarbeiter mehr und mehr zur Gestalter-Rolle zu befähigen und ihn damit immer mehr in die Eigenverantwortung für sein Handeln zu bringen.

Mit seinem berühmten Satz »Der Mensch hat immer drei Möglichkeiten«, brachte es Henry Ford auf den Punkt. Er beendete seinen berühmten Satz mit der Aufklärung, die nach Covey als das Gestalter-Prinzip gilt:

Love it

Beginne dich mit der Situation anzufreunden, sie zu akzeptieren!

Change it

Ändere, was dich stört. Geh es an!

Leave it

Wenn du 1. oder 2. nicht kannst oder willst, dann verlass die Situation!

IMPULS 14: FÜHRUNG 4.0 ODER BEWUSST IMPULSE GEBEN

In regelmäßigen Abständen werden wir von neuen, bahnbrechenden Entdeckungen der Hirnforschung überrascht. Und sicher ist für jeden von uns auch immer eine Erkenntnis dabei. Die Frage ist, was davon nutzt man wirklich in seinem Führungsalltag? Wer ändert etwas an seinem Führungsstil oder seinem Verhalten? Dabei könnte genau das doch den entscheidenden Durchbruch bringen! Wenn wir zum Beispiel wissen, dass Menschen auf Sinneseindrücke zuallererst emotional reagieren und zwar noch bevor das Denken aktiviert wird. Wenn wir also mit allem was wir sagen oder tun eine Emotion beim Mitarbeiter erzeugen, weshalb sind wir dann Meister im Ignorieren von Emotionen? Wo es anscheinend genauso ist wie beim Wettlauf von Hase und Igel: Die Emotion ist immer schon vor uns da, egal wie sehr wir uns mit betonter Sachlichkeit abmühen!

»Eine der wichtigsten Erkenntnisse der Hirnforschung ist, dass Menschen nur dann ihre Potenziale entfalten, wenn sie sich für etwas begeistern.«

Gerald Hüther

Weshalb meinen wir dann eigentlich, dass wir Mitarbeiter anhand von Zahlen und Fakten zu ihrer besten Leistung motivieren können? Und wenn wir zweitens wissen, das Emotionen so ansteckend sind wie ein lästiger Husten und sich »besonders leicht vom Anführer auf die Gruppe übertragen« (Goleman 2003) – wie kann ein Chef dann noch durch den Laden gehen und Angst oder Druck verbreiten? Wo doch inzwischen flächendeckend durchgesickert ist, dass Menschen nur in einem Umfeld von positiven Emotionen wie Optimismus, Freude und Zuversicht zu ihren besten Leistungen fähig sind? Wenn wir wollen, dass Menschen in unser Unternehmen ihr volles Potenzial einbringen oder ein Team Höchstleistungen bringt, sollten wir bei uns selbst anfangen und darauf achten, welche Emotionen wir täglich auslösen. Und es als Aufgabe betrachten, die kollektiven Emotionen in eine positive Richtung zu lenken. Denn ob wir es wollen oder nicht: Die Führungskraft ist der emotionale Anführer, der Emotional Leader.

Die Menschen der Organisation richten sich emotional an der Führungskraft aus. Die Meinung des Anführers einer Gruppe hat besonderes Gewicht, er gibt vor, wie Situationen ausgelegt werden. Die Mitglieder der Gruppe beziehen ihre emotionalen Hinweise von oben. Im Mandelkern des limbischen Systems befindet sich eine offene Schleife für Emotionen. Diese sorgt gemeinsam mit unseren Spiegelneuronen dafür, dass wir uns in andere Menschen hineinfühlen und deren Gefühle nachempfinden können. Laut Daniel Goleman, der schon 1995 den Begriff der Emotionalen Intelligenz prägte, stimmt sie uns auf die

Gefühle des Gegenübers ein, sodass sich unsere emotionale Verfassung der des Gesprächspartners annähert. Man nennt das auch limbische Resonanz. Das heißt also: Ihre Emotion wird von Ihren Mitarbeitern automatisch geklont und damit in Ihrem Unternehmen vervielfacht! Wie viele Mitarbeiter haben Sie? Sechzig, achtzig oder hundert? Nehmen wir an, Sie treffen auf Ihrem morgendlichen Rundgang zwanzig. Und nehmen wir weiterhin an, Sie sind verärgert. Was passiert? Variante eins: Sie gehen verärgert durch den Laden und nach Ihrem Rundgang fühlen sich die zwanzig Mitarbeiter, die Sie getroffen haben, ebenfalls schlecht. Sie sind auch verärgert. Und mit Ärger ist es immer so, dass man ihn schnellstmöglich loswerden will. Also motzen die zwanzig auch jemanden an, der sie gerade aufregt und schon haben wir vierzig Mitarbeiter, die sich schlecht fühlen. Ausgelöst durch Sie selbst. Alles unbewusst und natürlich nicht so gewollt.

Variante zwei: Sie haben Ihre Emotionen im Griff. Sie wissen, die Sache, die mich ärgert muss ich regeln, aber jetzt mache ich erst mal meinen Rundgang und lade meine Mitarbeiter auf. Sie nutzen also die Gelegenheit, Optimismus oder Freude weiterzugeben oder die ein oder andere hilfreiche Frage zu stellen. Was passiert? Zwanzig Menschen fühlen sich gut, nachdem sie ihren Chef getroffen haben. Sie geben diese positive Schwingung bewusst oder auch unbewusst an zwanzig Menschen weiter. Vierzig Mitarbeiter fühlen sich freudig, begeistert und motiviert, ihr Bestes zu geben. Was haben Sie auf Ihrem Rundgang in nur fünfzehn Minuten bewirkt? Eine Atmosphäre von Wohlbefinden, Begeisterung und Vertrauen. Vielleicht hält diese sogar den ganzen Tag. Vielleicht hilft sie einigen Mitarbeitern in kniffligen Kundengesprächen freundlich zu bleiben. Vielleicht hilft diese Atmosphäre aber auch einigen, sich auf der Arbeit glücklich zu fühlen, wenn es privat gerade nicht so läuft.

Mit anderen Worten: Wenn Sie es schaffen, eine positive Resonanz bei Ihren Mitarbeitern zu erzeugen, haben Sie eine Riesenchance!

RESONANZ IST
DER SCHLÜSSEL,
MENSCHEN SO ZU
BEGEISTERN,
DASS SIE IHR
BESTES GEBEN.

IE

Erzeugen Sie Resonanz, geben Sie Impulse!

Als Resonanz wird die synchrone Schwingung bezeichnet, wenn zwei Menschen emotional dieselbe Wellenlänge haben. Das synchrone Schwingen erzeugt einen Widerhall, der die positive emotionale Stimmung verlängert. Resonanz verstärkt und verlängert demnach auch die emotionale Wirkung von Führung. Grundsätzlich hat jede Führungskraft die Macht, die Emotionen ihres Teams zu lenken. Wenn sie es schafft, die Emotionen ihrer Mitarbeiter in eine positive Richtung zu steuern, wenn sie also echte Begeisterung für Ziele und Aufgaben erzeugt, werden die Mitarbeiter bessere und dauerhaft gute Leistungen erbringen. Das Team schwingt in der optimistischen und begeisterten Energie der Führungskraft mit. Die Mitarbeiter kommunizieren mehr miteinander, tauschen Ideen aus, treffen Entscheidungen gemeinsam und arbeiten effektiv zusammen. Es entsteht eine stabile Beziehung zueinander, die eine Voraussetzung dafür ist, Konflikte oder Krisenzeiten gut zu überstehen. Man knüpft quasi parallel ein Sicherheitsnetz.

Wie geht resonante Führung?

Daniel Goleman hat vier Resonanz erzeugende Führungsstile definiert sowie zwei, die in der richtigen Dosierung ebenfalls Resonanz erzeugen, aber auch leicht zu Dissonanz führen können. Hier ist also das Selbstmanagement der Führungskraft gefragt. Je nach Situation, Reifegrad und sozialer Kompetenz eines Mitarbeiters wird intuitiv der passende Führungsstil gewählt. Denn es geht nicht darum, permanent Harmonie zu erzeugen, im Gegenteil. Es geht um Leistung. Es geht darum, wie ein Mitarbeiter oder Team zu Bestleistung befähigt werden kann. Und dafür kann manchmal auch der fordernde Führungsstil die einzig richtige Intervention sein.

Je nachdem, wie man selbst gestrickt ist, fällt einem ein Führungsstil vielleicht leichter als ein anderer. Das ist ganz normal. Es geht immer auch darum, dass Sie als Unternehmer oder Führungskraft an Ihrer Persönlichkeitsentwicklung arbeiten und Ihr Führungsrepertoire erweitern. Umso leichter wird Ihnen das Führen von Menschen irgendwann fallen. Umso mehr Spaß wird es Ihnen machen! Sehen wir uns die sechs Führungsstile also genauer an:

Der visionäre Führungsstil

Der Unternehmer hat eine Vision und lebt diese begeistert. Das Wissen um das große Ganze und den eigenen Beitrag zur Sache begeistert die Mitarbeiter der Organisation. Es hilft ihnen, sich immer wieder auf das Wesentliche zu fokussieren. Die Vision und die gemeinsamen Ziele tragen das Team durch arbeitsintensive und turbulente Phasen. Der Geist der Organisation ist geprägt von Begeisterung, Selbstbewusstsein und Stolz. Visionäre Führungskräfte überlassen dem Team die Entscheidung, den richtigen Weg zur Verwirklichung der Vision zu finden. Sie geben den Mitarbeitern sowohl die Verantwortung Entscheidungen zu fällen als auch die Freiheit, innovativ sein zu können.

Golemans Forschungen ergaben, dass der visionäre Führungsstil der effektivste ist: Jede noch so kleine Tätigkeit dient einem Höheren Zweck, jede alltägliche Aufgabe hat eine übergeordnete Bedeutung. Alles was der Mitarbeiter tut, dient der gesamten Organisation. Das beflügelt und das ist inspirierende Führung!

Der Coachingstil

Der coachende Führungsstil weckt das Potenzial des Mitarbeiters. Die Führungskraft hilft ihm, seine einzigartigen Stärken zu erkennen und seine Ressourcen zu nutzen. Voraussetzung dafür ist das echte Interesse der Führungskraft, Talente und Wünsche des Mitarbeiters kennenzulernen, um seine persönlichen Ziele mit den betrieblichen zu verbinden. Durch die Integration der persönlichen Interessen und Ziele wird die Motivation des Mitarbeiters immer wieder neu entfacht. In diesem Führungsstil ermutigt die Führungskraft den Mitarbeiter, Entwicklungsziele festzulegen. Es wird gemeinsam ein Plan erarbeitet, um diese zu erreichen.

Diese persönlichen Gespräche führen zu einem guten Vertrauensverhältnis zwischen Führungskraft und Mitarbeiter. So kann die Führungskraft hier auch den Mitarbeitern Herausforderungen geben, die der Mitarbeiter spontan ablehnen würde.

Der Coachingstil ist sinnvoll, wenn die Leistung eines Mitarbeiters gezielt gefördert oder wenn individuelle Ziele mit denen des Unternehmens in Einklang gebracht werden sollen. Auch während der Einarbeitungsphase von neuen Mitarbeitern macht der coachende Führungsstil Sinn. So lernt man den Mitarbeiter genauer kennen und baut eine stabile Beziehung zu ihm auf.

»Die unterstützende und gewährende Art des coachenden Führungsstils erzeugt Resonanz und schafft Vertrauen.«

Daniel Goleman

Der gefühlsorientierte Stil
Hier geht es im ersten Schritt darum, als Führungskraft offen mit Emotionen umzugehen. Daher eignet sich der Stil bei Klärung von Konfliktsituationen um gespaltene Teams zu vereinen und zu einem kooperativen Verhalten zu bewegen. Er eignet sich auch in allen Ausnahmesituationen: In Phasen in denen Mitarbeiter Mehrleistungen erbringen müssen oder bei privaten Krisen, die sich auf die Leistung des Mitarbeiters auswirken. Durch das offene Ansprechen und punktuelle Zulassen von Gefühlen wird Vertrauen hergestellt und Resonanz erzeugt. Dabei geht es nicht darum, sich kollektiv in Gefühle fallen zu lassen und diese dadurch zu verstärken. Es geht lediglich darum, diese anzuerkennen und zu beachten, damit sie sich reduzieren können. Es ist der Moment, wo emotionale Bedürfnisse des Mitarbeiters im Vordergrund stehen und nicht die des Unternehmens. Das Zulassen und Annehmen der vorhandenen eigenen oder kollektiven Emotionen hilft der Selbstreflektion und damit der Selbstklärung. Dies ist Voraussetzung, dass Menschen und Teams wieder auf ihr volles Leistungspotenzial zugreifen können.

Der Stil eignet sich um in ruhigeren Phasen emotionales Kapital aufzubauen, auf das in stressigen Situationen zurückgegriffen werden kann.

Wendet eine Führungskraft ausschließlich den gefühlsorientierten Stil an, wirkt sie in der Regel zu nett oder harmoniebedürftig. Es kommt auf die Dosis an. Mitarbeiter brauchen ehrliches Feedback, dass ihr Verhalten korrigiert oder neue Maßstäbe setzt. Durch freundliches Weichspülen der Fakten können sie sich nicht verbessern. Wenn Sie jedoch einmal durch ein längeres, persönliches Gespräch so richtig beim Mitarbeiter angedockt haben und auf dieses Beziehungskonto immer wieder einzahlen, wird er auch an einem Montagmorgen um 8 Uhr sein Bestes für Sie geben.

Der demokratische Stil

In der Regel ist dieser Stil erst mal negativ besetzt. Wer ihn in seiner vollen Blüte erlebt hat, weiß, wie anstrengend dieser Führungsstil sein kann: Er kann zu endlosen, zermürbenden Gesprächen und Meetings führen.

Wenn man diesen Stil wohl dosiert einsetzt, macht er allerdings großen Sinn: immer dann, wenn man als Führungskraft kluge Ideen des Teams oder eines Mitarbeiters braucht. Dazu stellt man ein Team von informierten und fähigen Mitarbeitern zusammen und lässt diese alle zu Wort kommen. Auch wenn eine Führungskraft eine starke Vision hat, eignet sich der demokratische Führungsstil hervorragend, um Ideen für die Umsetzung dieser Vision zu sammeln. Zuhören ist die entscheidende Stärke der Führungskraft, die den demokratischen Stil anwendet. Sie sieht sich dann als Mitglied des Teams und ist an den Gedanken ihrer Mitarbeiter interessiert. Auf der emotionalen Ebene fühlen sich Menschen wertgeschätzt und anerkannt, das wirkt sich beflügelnd auf die Motivation aus.

Der fordernde Führungsstil

Die fordernde Führungskraft lebt selbst nach hohen Leistungsstandards und gibt dies auch so an ihre Mitarbeiter weiter. Ihr Motiv ist, die Arbeit besser oder effizienter zu erledigen und dies fordert sie auch von ihrem Team. Der Stil eignet sich hervorragend, wenn sich ein Unternehmen in der Aufbauphase befindet: Die Führungskraft lebt Höchstleistung vor und alle orientieren sich daran! Sie treibt den ständigen Optimierungsprozess voran und fordert von ihren Mitarbeitern permanent Initiative.

Hier ist es besonders wichtig, den Stil sparsam einzusetzen. Ganz klar, dass nicht alle dieses Tempo und diese hohen Forderungen dauerhaft durchhalten. Ein gewisses Maß an Druck kann sehr wohl motivierend sein, aber es darf nicht in Stress kippen. Die größte Baustelle ist das Thema Kommunikation: Fordernde Führungskräfte haben oft die Erwartung, dass auch alle anderen so engagiert sind und geben selten Richtlinien und Informationen heraus. Mitarbeiter müssen erraten, was der Chef nun gerade will, das kostet Zeit und Nerven. Emotional betrachtet erzeugt diese Führungskraft dann Dissonanz. Dies führt direkt zu einem Abfall der Motivation und damit der Leistung. Fehlt es der Führungskraft an Empathie, merkt sie auch nicht, wenn die Anforderungen zu hoch sind – dann ist es ein Teufelskreis: Was man durch Kommunikation hätte rausfinden können geht nicht, was man durch Einfühlungsvermögen hätte spüren können auch nicht. Schwierig wird es, wenn dazu ein unzureichendes Selbstmanagement kommt: Ungeduld, mit Mitarbeitern bei schwacher Leistung oder Mikromanagement – die Führungskraft kümmert sich um jedes Detail.

Der fordernde Ansatz trägt nur in Kombination mit der Leidenschaft des visionären und der Teamfähigkeit des gefühlsorientierten Führungsstils Früchte. In diesem Fall ist der im positiven Sinne fordernde Führungsstil am Werk und der kann bewirken, dass ein hoch motiviertes kompetentes Team wirklich herausragende Ergebnisse erzielt. Durch das Setzen interessanter, herausfordernder Ziele wird Resonanz erzeugt und durch die Resonanz werden die Ziele gemeinsam erreicht.

Der befehlende Führungsstil
Viele von uns haben den autoritären Führungsstil in ihrer eigenen Ausbildung kennengelernt, es gilt: Anordnung, Klappe halten und machen. Die Führungskraft macht sich nicht die Mühe, die Gründe für ihre Entscheidungen zu erklären oder gar die Mitarbeiter nach ihrer Sichtweise zu fragen. Das sorgt natürlich im ersten Reflex für innere Ablehnung und Dissonanz. Keiner will fremdbestimmt werden oder sich herumkommandieren lassen.

Allerdings ist der befehlende Führungsstil in manchen Situationen rettend: In Krisensituationen in denen es gilt, schnell zu handeln. Da braucht es kein Ausdiskutieren der Alternativen, sondern eine kompetente Führungskraft die die Lage überblickt, rasch eine Entscheidung trifft und diese knallhart durchsetzt. In diesem Fall verringert der befehlende Führungsstil Angst und Unsicherheit. Auch wenn sich nutzlose Gewohnheiten in einer Organisation manifestiert haben, braucht es jemanden, der diese radikal unterbindet und konsequent neue Regeln einführt. Und manchmal hilft der befehlende Führungsstil auch, um einen schwierigen oder dauerhaft unmotivierten Mitarbeiter in die Schranken zu weisen: Entweder hopp oder top, denn das hier ist ein Unternehmen, kein Ponyhof.

Der Antreiber für diesen Führungsstil ist oft ein ausgeprägter Leistungswille, der die Führungskraft dazu bewegt, die Mitarbeiter sehr bestimmt in eine Richtung zu lenken, um bessere Ergebnisse zu erzielen. Logischerweise ist es hier elementar, sowohl die Dosierung als auch die Selbstkontrolle im Griff zu haben! Beherrscht man diese, kann man sich entscheiden, Ärger und Ungeduld zu unterdrücken oder den Ärger bewusst in einen Ausbruch zu kanalisieren, der sofortige Aufmerksamkeit garantiert und die Mitarbeiter veranlasst, ihr Verhalten zu ändern. Es ist es entscheidend, die richtige Dosierung zu wählen und den Führungsstil jeweils auf Basis der aktuellen Situation zu wählen. Nur dann geben Sie den richtigen Impuls.

Und zwar genau den Impuls, der den Mitarbeiter inspiriert, sich reinzuhängen, eine selbst auferlegte Grenze zu überwinden, sein Verhalten zu ändern oder die Extrameile zu gehen.

Dann ist Führung inspirierend. Und genau das ist der Führungsstil der Zukunft.

Führung 4.0: Die Führungskraft als Impulsgeber

Emo-Führungsstil	Visionär	Coachend	Gefühls-orientiert	Demokratisch	Fordernd	Befehlend
Erzeugung zur Resonanz	Verwirklichung eines höheren Zwecks, gemeinsamer Träume, gibt dem Handeln Sinn	individuelle Ziele und Unternehmensziele in Einklang bringen	verbindet Menschen miteinander und schafft dadurch Harmonie	Wertschätzung für den Beitrag der Mitarbeiter; Engagement durch Einbeziehung	Erreichung interessanter, heraus-fordernder Ziele	gibt in Not-situationen eine klare Richtung vor; verringert dadurch Angst und Unsicherheit
Wirkung auf Klima	super positiv	sehr positiv	positiv	positiv	dosiert ein-setzen, dann positiv	nur in Not-situationen einsetzen, dann rettend
Anwendung	im Veränderungs-prozess; wenn eine klare Richtung ge-braucht wird	durch gezielte Förderung eines Mitarbeiters seine Leistung verbessern	um gespaltene Teams zu vereinen; Motivation bei Stress; Be-ziehung und Verbindung stärken; emotionaler Beistand	um Zustimmung oder Konsens zu erreichen; um wertvolle Beiträge und Ideen von Mitarbeitern zu sammeln	um mit einem hoch motivierten, kompeten-ten Team herausragende Ergebnisse zu erzielen; um Talente zu fördern und zu fordern	in Krisen, um einen Turnaround in Gang zu bringen; mit problemati-schen Mit-arbeitern
Denk Neu Inspiriert den Mitarbeiter dazu ...	... seinen Teil zum großen Ganzen beizutragen; ... über sich hinauszu-wachsen; ... Sinn zu erkennen; ... Werte leben zu können; ... eigenständig zu handeln	... Stärken zu erkennen; ... Ressourcen zu nutzen; ... sich neue Ziele zu setzen	... Emotionen positiv zu wandeln; ... sich wieder konstruktiv zu verhalten; ... sich zu einigen; ... sich aufzuraffen, um durch-zuhalten	... eine gute Idee zu entwickeln; ... Ideen des Teams weiter-zuspinnen; ... sich volle Kanne reinzu-hängen	... alles zugeben; ... zusätzliche Kräfte zu mobilisieren; ... Grenzen zu überwinden	... etwas durchzuzie-hen; ... etwas zu Ende zu bringen; ... lernen, sich auch mal unter-zuordnen; ... Demut lernen

4.

DIE GRÖSSTE GEFAHR FÜR DAS UNTERNEHMEN? DER UNTERNEHMER SELBST!

»Was soll das jetzt bitte heißen?«, mag sich mancher Vollblut-Unternehmer fragen. Und doch ist es so: Ob Ihr Unternehmen erfolgreich ist oder nicht, ob Ihre Umsätze wachsen oder nicht, ob Sie Arbeitsplätze erhalten oder nicht, alles hängt von Ihnen als Unternehmer ab. Es hängt davon ab, ob Sie Chancen oder Risiken frühzeitig erkennen, ob Sie die Weichen richtig stellen, die Prioritäten richtig setzen oder die richtigen Menschen einstellen.

Eine Voraussetzung dafür ist, dass Sie wissen, was für Sie selbst das Wesentliche ist. Was Ihre persönlichen Ziele und Werte sind. Was die Vision und die strategischen Ziele für Ihr Unternehmen sind. Und ob Sie es schaffen, sich dementsprechend zu organisieren. Kurz gesagt: Der Erfolg Ihres Unternehmens hängt davon ab, wie gut Sie sich selbst managen. Und genau darum geht es in den nächsten sieben Kapiteln: Lernen Sie Methoden kennen, die Ihnen helfen, sich selbst zu sortieren und die Prioritäten immer wieder richtig zu setzen. Die Ihnen helfen, die Unternehmeraufgaben im Tsunami aller Anforderungen klar zu identifizieren. Und die Sie befähigen, Konflikte schnell aufzuklären und erfolgreich zu lösen.

Entdecken Sie Impulse für Ihr Selbstmanagement und für eins der größten Zeitfresser: das Thema Nachwuchssicherung. Unser praxiserprobtes und in vielen Unternehmen erfolgreich angewandtes Motivationsprogramm für Nachwuchstalente. Denn Nachwuchssicherung ist heutzutage Chefsache!

IMPULS 15: DAS GEHEIMNIS, GUT SCHLAFEN ZU KÖNNEN!

Was braucht man für einen erholsamen Schlaf? Zuallererst mal das Gefühl von Sicherheit. Die Sicherheit, dass man zur richtigen Zeit auch das Richtige tut. Das man im Einklang mit seinen Werten, Prinzipien und Zielen handelt und auf dem richtigen Weg ist. Und die Zuversicht, dass man an den wichtigsten Themen dran ist. Das zu überblicken ist als Unternehmer heutzutage gar nicht mehr so einfach. Permanent strömen neue komplexe Themen auf uns ein. Egal ob Fachkräftemangel, technologischer Wandel oder Gesetzesänderungen – es ist schwierig, die Relevanz und die Intensität von Konsequenzen für das Unternehmen tatsächlich abschätzen zu können. Trotzdem wird das vom Unternehmer erwartet: Alles hängt davon ab, dass Sie als Unternehmer die Prioritäten richtig setzen. Was Sie zum Thema machen und was nicht. Worin Sie Ihre Zeit investieren und wozu Sie nein sagen. Und so müssen Sie täglich abwägen: Geht das Treffen mit Bank, Steuerberater oder Werbeagentur vor oder führen Sie lieber Mitarbeitergespräche, um eine dringende Personalentscheidung fällen zu können? Ist es aktuell wichtiger, die Betriebsstrukturen zu optimieren oder sollten Sie lieber Ihre wichtigsten Kunden persönlich besuchen? Es ist gefährlich, wenn Sie sich da verzetteln. Manchmal erzeugt nämlich der Trubel des Dringlichen wegen seiner Symbiose mit starken Emotionen den Anschein von Wichtigkeit. Und da kann es passieren, dass Sie Zeit in etwas investieren, dass Sie auch gut hätten delegieren können. Und dann gleichzeitig zu wenig Zeit für etwas hatten, dass langfristig großen Einfluss auf Ihren Unternehmenserfolg hat.

Im ersten Schritt hilft es, sich bewusst zu machen, welche Handlungsfelder das Fundament für Unternehmensführung bilden und in welchem Ranking diese stehen. Sehr hilfreich ist dafür auch die Puck-Metapher (Covey 2006): »Was denken Sie, haben gute Eishockey-Spieler mit guten Unternehmern gemeinsam? Sie sind immer da, wo der Puck sein wird, nicht da, wo er gerade ist.« Sprich: Sie sollten strategisch immer einen Schritt weiter sein!

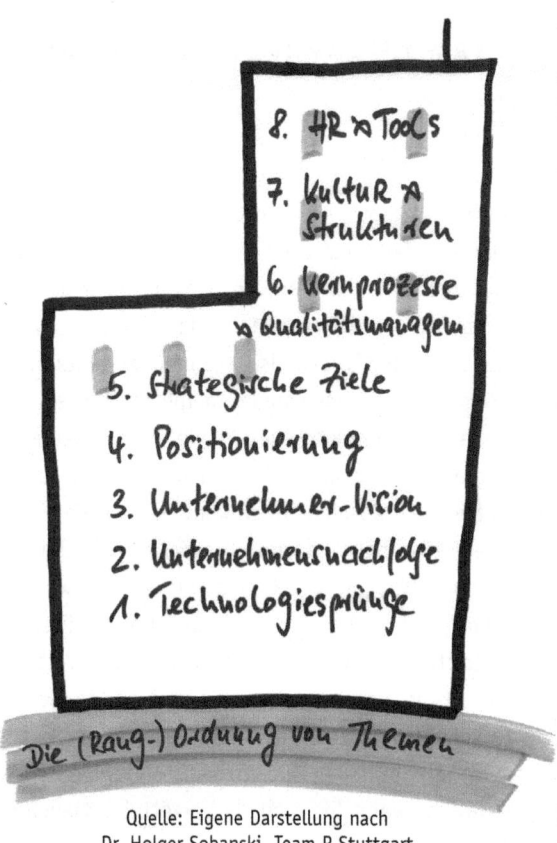

8. HR x Tools
7. Kultur x Strukturen
6. Kernprozesse x Qualitätsmanagem
5. Strategische Ziele
4. Positionierung
3. Unternehmer-Vision
2. Unternehmensnachfolge
1. Technologiesprünge

Die (Rang-) Ordnung von Themen

Quelle: Eigene Darstellung nach
Dr. Holger Sobanski, Team P Stuttgart

Wir werden oft in Unternehmen gerufen, in denen akuter Handlungsbedarf im Bereich Mitarbeitermotivation und Personalentwicklung besteht. Und während der genauen Auftragsklärung wird klar, dass Themen, die in diesem Handlungsfeld als Voraussetzung gebraucht werden, nicht geklärt sind. Das ist erst mal normal. Man kann auch nicht immer alles perfekt stehen haben. Und oft hängt an einem Thema mit dem man gerade nicht weiter kommt, noch ein weiteres. Also liegen beide temporär auf Eis. Bedenklich wird es allerdings, wenn das Fundament nicht solide steht. Wenn man zum Beispiel am Handlungsfeld 6 arbeitet, also die Kernprozesse optimiert, aber gleichzeitig ein Technologiesprung (Handlungsfeld 1) ansteht, durch den dieser Kernpro-

EIN HAUS KANN NUR SO HOCH GEBAUT WERDEN, WIE SEIN FUNDAMENT TIEF IST.

SYSTEMISCHER GRUNDSATZ

zess wegrationalisiert würde. Oder wenn ein Strategie-Meeting (Handlungs-feld 5) geplant ist, es aber keine Unternehmer-Vision (Handlungsfeld 3) gibt, von welcher sich die strategischen Ziele ableiten! Es ist elementar, zuerst am Fundament zu arbeiten. Erst dann können die darauf aufbauenden Hand-lungsfelder ihre volle Kraft entfalten und Synergien entstehen.

Steht Ihr Fundament?

Handlungsfeld 1: Technologiesprünge

Gehört gerade zum Standardvokabular eines jeden Managers: die Disruption. Laut Wikipedia ist eine disruptive Technologie »eine Innovation, die eine be-stehende Technologie, ein bestehendes Produkt oder eine bestehende Dienst-leistung möglicherweise vollständig verdrängt.« Früher gab es das vereinzelt, zum Beispiel als der PC die normale Schreibmaschine abgelöst hat, oder die Fotofilmfirma Kodak dem Trend der digitalen Kameras weichen musste. In Zeiten von Digitalisierung und Automatisierung spricht man allerdings vom disruptiven Wandel, das heißt es sind ganze Branchen betroffen. Firmen wie Google, Apple oder Uber haben Geschäftsmodelle erfunden, die andere über-flüssig machen.

Natürlich ist die erste Reaktion oft zu meinen, dass dies nur die Großen betrifft. Aber was, wenn es für Ihre Produkte plötzlich einen Online-Anbie-ter gibt, der aus welchen Gründen auch immer dreimal so schnell und drei-mal günstiger als Ihr Unternehmen ist und zusätzlich noch die Straße, die zu Ihrem Unternehmen führt, umgelegt wird? Oder nehmen wir als Beispiel die Deutsche Bahn und Skype: Könnte es sein, dass wenn ich Skype nut-ze und mich gefühlt mit meinem Freund getroffen habe auf eine Bahnfahrt verzichte? Und was, wenn das plötzlich viele Menschen so tun? In diesem Handlungsfeld geht es darum zu reflektieren, ob Ihre Produkte oder Dienst-leistungen ersetzbar werden könnten. Ob es Markttrends gibt, durch die so-genannte Substitutionsleistungen angeboten werden, zu denen Ihre Kunden schnell wechseln könnten.

Schlüsselfragen:

- Welche unserer Leistungen und Angebote könnten vom Markt beziehungsweise Mitbewerbern substituiert beziehungsweise durch andere ersetzt werden?
- Welche aktuellen Markttrends stellen Bedrohungen dar?
- In welchem Geschäftsfeld müssen wir unser Portfolio überprüfen und gegenwirken?
- Was könnten wir alternativ anbieten beziehungsweise tun?

Handlungsfeld 2: Unternehmensnachfolge
Auch hiervor werden gern erst mal die Augen verschlossen. Verständlich, denn es ist oft ein vielschichtiges Thema, dass intensive Gesprächsrunden und manchmal Berge von Verträgen nach sich zieht. Gerade Familien-Unternehmen tun sich oft schwer, da nicht unternehmerisch, sondern emotional entschieden wird. Und gleichzeitig ist genau das der Grund, weshalb Sie sich frühzeitig mit der Thematik auseinandersetzen müssen. Eine konstruktive Lösung, bei der alle Parteien ihre Interessen vertreten sehen, braucht Zeit. Als grobe Richtlinie gilt die Zehn-Jahres-Perspektive:

Ist die Nachfolge mit einem Blick auf zehn Jahre geklärt?
Idealerweise sollte der handelnde Unternehmer mindestens in einem Zeithorizont von zehn Jahren planen und gesellschaftsrechtlich die Mehrheit haben. Nur so ist der Unternehmer frei genug, essenzielle Veränderungsprozesse anschieben zu können. Wenn permanent die Gefahr besteht, dass zum Beispiel die Senioren-Generation oder ein stiller Gesellschafter der vom operativen Geschäft wenig mitkriegt noch das letzte entscheidende Wort hat, kann es für ihn ein großes Hemmnis sein, mutig notwendige radikale Veränderungen anzuschieben. Ziel muss immer sein, dass der handelnde Unternehmer der die volle Verantwortung trägt, auch die letzte Entscheidungsinstanz ist. Ansonsten besteht latent das Risiko, dass Maßnahmen, die für den Erfolg des Unternehmens elementar sind, aus persönlichen Gründen oder reinen Machtspielchen eines anderen Gesellschafters nicht umgesetzt werden können.

Handlungsfeld 3: Unternehmer-Vision

Stellen Sie sich mal einen Fuchs und einen Igel vor. Wer ist Ihrer Meinung nach der Überlegene? Man sollte doch meinen der Fuchs oder? Auf jeden Fall ist er schneller und stärker. Dennoch kann der Fuchs dem Igel im Ernstfall nichts anhaben: Wittert der Igel Gefahr, igelt er sich ein. Er ist rundherum geschützt und absolut unangreifbar. Der Igel kann also eine Sache richtig gut! Und genau diese ist der Schlüssel für seinen Erfolg. Er tut es mit Leidenschaft, er ist darin einfach der Beste. Das Igel-Prinzip (Collins 2001) ist übrigens ziemlich berühmt. Jim Collins entwickelte es in seinem Buch *Good to Great* auf Basis einer Studie. In dieser untersuchte er, was hoch erfolgreiche Unternehmen von mittelmäßig guten unterscheidet. Fazit: Ein wesentlicher Erfolgsfaktor ist die Anwendung des Igel-Prinzips. Eines der Geheimnisse erfolgreicher Unternehmen lag darin, dass sie sich auf eine Sache stark fokussiert haben.

Entwickeln Sie Ihr persönliches Leitbild!
Und genau diese eine Sache sollte das Herzstück Ihres persönlichen Leitbildes sein! Denn nur wenn Sie sich als Unternehmer im Klaren sind, was Ihnen persönlich wichtig ist und was Sie in Ihrem Leben erreichen wollen, können Sie diese Impulse in Ihre Unternehmensvision einfließen lassen. Und nur dann können Sie gemeinsam mit Ihren Mitarbeitern an deren Umsetzung arbeiten. Die Frage ist, wie findet man heraus, was das eine Ding ist? Wie trennt man die Spreu vom Weizen und weiß dann, was man genau nicht mehr tun wird?

Geht man nach dem Konzept des Igel-Prinzips vor, schaut man aus drei verschiedenen Perspektiven auf sein Unternehmen. Und die Schnittmenge aller drei Perspektiven ist das, worauf man sich konzentriert.

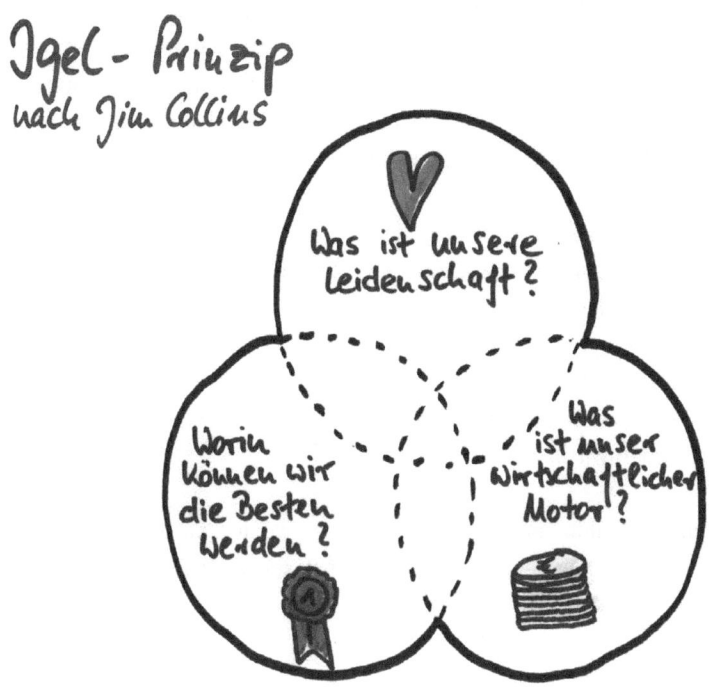

Igel - Prinzip
nach Jim Collins

Was ist unsere Leidenschaft?

Worin können wir die Besten werden?

Was ist unser wirtschaftlicher Motor?

Erster Kreis: Was ist unsere wahre Leidenschaft?

Hier geht es darum, wofür Ihr Herz schlägt und was Sie und Ihre Mitarbeiter wirklich begeistert. Vorsicht: Es geht nicht darum, wie Sie bei Mitarbeitern Leidenschaft für das entwickeln können, was sie bereits tun. Ziel ist, dass Sie sich auf das fokussieren, was Ihre Leidenschaft ist!

Schlüsselfragen:
- Was ist unsere wahre Leidenschaft?
- Wovon träumen wir?
- Wenn wir heute neu anfangen beziehungsweise neu bauen würden, was würden wir machen?

Zweiter Kreis: Worin können wir die Besten werden?

Hier geht es um das Können des Unternehmens. Wir brauchen einen realistischen Blick auf Ressourcen, Mitbewerber und Kunden- beziehungsweise Marktbedürfnisse. Und zwar so geerdet, dass es kein Wunschtraum bleibt. Im Fokus steht das Potenzial, dass Sie haben und was entstehen kann, wenn Sie es ausschöpfen. Vorsicht: Schauen Sie nicht darauf, worin sie ganz gut sind. Wer sich auf das konzentriert, in dem er ganz gut ist, der bleibt eben auch ganz gut. Schauen Sie darauf, was Sie wirklich von allen anderen unterscheidet und besonders macht!

Schlüsselfragen 1:
- Worin können wir die Besten werden?
- Was wollen wir in Zukunft tun?

Manchmal erkennt man seine Stärken erst, wenn man die Schwächen klar analysiert hat. Oder kann wirklich nur der Beste in etwas werden, wenn man zu anderen Dingen klar »nein« sagt.

Schlüsselfragen 2:
- Worin können wir niemals die Besten werden?
- Was wollen wir in Zukunft nicht mehr tun?

Dritter Kreis: Was ist unser wirtschaftlicher Motor?

Hier ist die Frage: Welcher Geschäftsbereich oder welche Produkte bringen tatsächlich die Gewinne? Klassisch ist der Unternehmer immer in den Bereichen gefragt, in denen es brennt. Und natürlich immer da, wo es um Innovation und Weiterentwicklung geht. Da kann es passieren, dass man sich um seine Gewinnbringer weniger kümmert. Manchmal widmet man seine Aufmerksamkeit aber auch unbewusst den Lieblingsprodukten. Hier geht es also darum, den Fokus wieder in Richtung Rentabilität zu lenken.

Schlüsselfragen:
- Womit verdienen wir unser Geld?
- Womit erzielen wir einen nachhaltigen Cash-Flow und robuste Gewinne?

Schreiben Sie sich Ihre wichtigsten Erkenntnisse am besten in ein paar Leitsätzen auf. Dies ist der erste Teil Ihres persönlichen Leitbildes! Der zweite Teil dreht sich um eine klare Formulierung der Unternehmensziele. Wenn Sie sich kurz zurücklehnen und die Augen schließen:

- Wo möchten Sie in zehn Jahren stehen?
- Was möchten Sie bewirkt haben?
- Welches Vermächtnis möchten Sie hinterlassen?

Schreiben Sie Ihre Impulse in zwei bis drei Leitsätzen auf.

Nun kommt der dritte Teil Ihres persönlichen Leitbildes: Die fünf Dinge, die Ihnen am wichtigsten sind! Dafür zunächst eine Geschichte: »Wenn Menschen nach Afrika fahren und dort eine Safari machen, dann sprechen die Ranger immer von den afrikanischen Big Five. Das sind die fünf Tierarten, die jeder gerne sehen möchte: Löwe, Leopard, Rhinozeros, Elefant und der Afrikanische Büffel ... Die Menschen messen den Erfolg ihrer Safari daran, wie viele der Big Five sie gesehen haben. Wenn sie drei der fünf Tierarten sehen, ist es für sie eine durchschnittliche Safari, vier Tierarten zu sehen, ist schon ziemlich gut und fünf sind ein voller Erfolg.« (Strelecky 2007)

Was sind die fünf Dinge, die Sie tun, sehen oder erleben möchten, bevor Sie sterben? Was müssten Sie getan, gesehen oder erlebt haben, damit Sie glücklich und zufrieden auf Ihr Leben zurückblicken können?

Dies ist Ihre persönliche Vision. Diese ist Voraussetzung für die Entwicklung Ihres Unternehmensleitbildes. Sie ist auch Voraussetzung für den Erfolg aller folgenden, darauf aufbauenden Handlungsfelder. Denn daraus leiten sich Ihre Positionierung, Ihre strategischen Ziele, die Kernprozesse Ihres Unternehmens, Ihre Unternehmenskultur und Ihre Personalentwicklungs- und Recruitingstrategien ab!

Handlungsfeld 4: Positionierung
Definieren Sie die Alleinstellungsmerkmale, Stärken und Qualitäten, durch die sich Ihre Produkte oder Dienstleistungen aus Sicht Ihrer Zielgruppe, also Ihrer Kunden klar und positiv von den Angeboten der Wettbewerber abheben. Kurz:»Denken Sie darüber nach, was das Produkt leistet – und für wen.« (David Ogilvys)

Starten Sie mit der Sicht auf das gesamte Unternehmen, also Ihre Unternehmensmarke und definieren Sie dann auch die Besonderheiten je Geschäftsbereich oder für Produkte, die das Potenzial haben, sich zu einer eigenen Marke zu entwickeln.

Schlüsselfragen:
• Warum kauft ein Kunde bei uns?
• Welchen Nutzen bieten wir den Kunden?
• Welchen Engpass lösen wir beim Kunden mit unserem Produkt?
• Was sind unsere Stärken? Was sind Qualitäten, die nur wir bieten?
• Was unterscheidet uns von Wettbewerber A, B, C ...?

Handlungsfeld 5: Strategische Ziele
Sind Vision und Positionierung gut geklärt, können Sie auf dieser Basis Ihre strategischen Ziele erarbeiten. Das ideale Forum dafür ist die gemeinsame Jahreszielplantagung siehe Impuls 5. Achten Sie darauf, dass Sie hier auf jeden Fall die SMART-Formel anwenden (siehe Impuls 13), die Ziele also messbar sind. Es bringt nichts mit den Echtzahlen, was zum Beispiel Umsatz pro Abteilung betrifft, hinterm Berg zu halten. Menschen können etwas nur erreichen, wenn sie wissen, was erreicht werden soll. Also brauchen Sie auch klare Zielzahlen zu Umsätzen, Kosten, Marktanteilen et cetera. Erst wenn die strategischen Zahlen je Geschäftsbereich und Abteilung stehen, können Sie in Entwicklungsgesprächen mit Mitarbeitern die persönlichen Zielzahlen ableiten.

Handlungsfeld 6: Kernprozesse und Qualitätsmanagement

Sind die wichtigsten Prozesse, in denen Geld verdient wird, klar definiert? Sind diese auch allen Mitarbeitern klar? Sind vor allem die Schnittstellen definiert, an denen abteilungsübergreifend gearbeitet wird? Gibt es da, wo Unstimmigkeit zwischen den Mitarbeitern besteht einen Standard? Wenn nicht, hilft Ihnen hier Impuls 7. Sie brauchen eine Basis an Strukturen, die eine gleichbleibende Qualität und damit die Produktivität sicherstellen.

Handlungsfeld 7: Unternehmenskultur

Wie Sie sehen, sind es bis hierhin eine Vielzahl an Faktoren, die die Kultur in einem Unternehmen beeinflussen und prägen. Und je stabiler das Fundament steht, umso eher können Sie eine Unternehmenskultur erzeugen, die begeisternd und sinnerfüllt ist. In diesem Handlungsfeld geht es darum zu klären, welche Strukturen in Ihrem Unternehmen elementar sind, welche sich ändern müssen oder welche Organisationsstruktur Ihr Unternehmen zukunftsfähiger macht. Ob Agilität bei Ihnen ein Thema ist oder mehr Projektarbeit einen großen Nutzen hätte, ob ein Change-Prozess notwendig ist und wenn ja, wie dieser gestaltet werden sollte.

Wird hier ein Maßnahmenplan beschlossen, müssen alle die Handlungsfelder, die darunter liegen und noch nicht professionell aufgestellt sind, gleichzeitig mitbearbeitet werden. Nur so kann der Change-Prozess stabilisiert werden.

Handlungsfeld 8: Personalentwicklung und Tools

In dieses Handlungsfeld gehören das Vergütungssystem an sich, Ihre Boni- und Anreiz-Regelungen, aber auch Ihre Recruitingstrategie, Karrierepläne, Ihr Ausbildungskonzept und Ihre Vertragssysteme. In manchen Unternehmen ist der Bereich HR professionell besetzt, Themen wie Personalentwicklung oder ein interner Schulungsplan auf Basis einer Qualifikationsmatrix sind geregelt. In kleineren Unternehmen kann dies mit Hilfe eines externen Beraters abgedeckt werden.

IMPULS 16: MEHR GUTE TAGE HABEN!

Angenommen, all Ihre Probleme und all das, was Ihnen gerade schwer im Magen liegt, würde sich über Nacht in nichts auflösen ... einfach so! Sie könnten also den nächsten Tag und Ihren ganzen Tagesablauf so gestalten, wie Sie es sich in Ihrem tiefsten Inneren wünschen. Sie würden nicht von Dingen, die andere an Sie herantragen durch den Tag getrieben. Was würden Sie tun? Was wäre Ihr größter Wunsch?

Auf diese Frage erhalten wir von Unternehmern oft ein ganzes Potpourri an aufgestauten Aufgaben und Bedürfnissen von »ich könnte endlich wieder selbst mehr programmieren« über »ich könnte endlich zu meinen zwei wichtigsten Kunden rausfahren« bis »ich könnte mich endlich mal um die Abteilung X kümmern, das hängt mir schon ewig im Nacken«. Oft stecken wir als Unternehmer oder Führungskraft so im Hamsterrad fest, dass wir gar keine Chance mehr sehen, da jemals rauszukommen. Die gute Nachricht ist: Es gibt eine Perspektive die hilft, sich zu befreien. Eine Reflexionsmethode die viele Selbsterkenntnisse und damit Handlungsansätze liefert.

Man unterscheidet dabei zwischen den drei Rollen, die es in jedem Unternehmen gibt: Die Rolle des Unternehmers, die des Managers und die der Fachkraft (Gerber 2002). Jede Rolle hat nämlich ihre ganz spezifischen Aufgaben und Verantwortungen. Das Paradoxe daran ist: Die Rollen entwerten sich gegenseitig! Was aus Sicht der einen Rolle gerade absolut Sinn macht, ist aus Sicht der anderen Rolle reine Zeitverschwendung:

»Was für den einen wichtig ist, hat für den anderen keine Bedeutung. Was dem einen als Arbeit erscheint, erscheint dem anderen nicht als Arbeit. Was der eine als wertvoll erachtet, ist für den anderen lästig.« (Merath 2008)

Und so passiert es, dass man sich am Ende eines vollgepackten Tages trotzdem so fühlen kann, als hätte man nichts geschafft. Man ist frustriert oder genervt und es bleibt kein Zentimeter für Stolz auf das, was man alles getan hat. Dann ist man ins Fettnäpfchen getreten und betrachtet sein Tagwerk aus der Brille der anderen Rolle. Hat man zum Beispiel an seiner Strategie gearbeitet und ein Führungsmeeting vorbereitet (Unternehmerrolle), kann der Blick aus der Fachkraft-Rolle den Tag mit »Und bei den Kunden warst du heute wieder gar nicht präsent!« komplett entwerten. Ackert man sich von einem zum anderen Kundengespräch (Fachkraft-Rolle), kann der Blick durch die Managerbrille vernichtend urteilen: »Und die neuen Qualitätsstandards liegen immer noch halb fertig auf deinem Schreibtisch!«

Stefan Merath veranschaulicht dieses von M. Gerber erforschte Phänomen in seinem Buch *Der Weg zum erfolgreichen Unternehmer* mit seiner *Dschungelstory*: »Stellen Sie sich vor, Sie wollen im Dschungel zu einem bestimmten Ziel gelangen. Sie brauchen also Leute, die den Weg mit Macheten frei räumen: die Fachkräfte. Dann brauchen Sie jemanden, der diese einteilt, mit Werkzeugen und Nahrung versorgt, Nachschub organisiert und darauf achtet, dass niemand ermüdet. Zu seinen Aufgaben gehört es auch zu prüfen, welche Fachkräfte effizienter sind als andere und warum das so ist. Schließlich bringt er den anderen die Optimierungen bei: Das ist der Manager. Und dann gibt's noch einen, der oben im Baum rumklettert und runter ruft: ›Hört mal, wir sind im falschen Wald!‹: Das ist der Unternehmer.«

Was lernen wir daraus? Sie können gar nicht zur gleichen Zeit den Weg frei ackern, die Leute einteilen und noch oben auf dem Baum rumklettern! Es ist absolut unrealistisch, es kann auf Dauer nicht funktionieren. Ist man sich darüber nicht bewusst, kann es passieren, dass man an sich selbst unerfüllbare Erwartungen stellt. Es hilft, sich genau klarzumachen: Welche meiner Aufgaben gehören zu welcher Rolle? Und dann eine bewusste Entscheidung zu treffen: Wann macht es für mich im aktuellen Tagesgeschäft Sinn, bewusst die Rolle zu wechseln?

Unterscheiden wir zunächst die Zuständigkeiten und Aufgaben der drei Rollen:

Die Fachkraft
Die Fachkraft lebt ganz und gar in der Gegenwart. Sie ist für die aktuellen Kunden und die Erfüllung der Kundenbedürfnisse zuständig. Sie ist darin Experte. Taucht ein Problem auf, versucht sie es direkt zu lösen. Sie ist der Macher. Sie reagiert auf Ereignisse. Sie ist glücklich, wenn der Kunde glücklich ist.

Visionen, Strategien oder Veränderungen steht die Fachkraft zuallererst mal kritisch gegenüber. Sie fühlt sich eingeengt, wenn sie vom Manager ständig neue Regeln vorgesetzt oder vom Unternehmer einfach so eine andere Aufgabe zugewiesen bekommt.

Der Manager

Der Manager definiert Abläufe, Strukturen und Standards und überwacht deren Einhaltung. Es ist sein Auftrag ein effizientes System zu erschaffen und dieses permanent zu optimieren. Er koordiniert die Aufgaben und motiviert die Mitarbeiter. Er hält die Organisation aufrecht und kümmert sich um die optimale Nutzung der Ressourcen. Er ist glücklich, wenn das System reibungslos funktioniert. Daher empfindet er es als anstrengend, wenn die Fachkraft es wieder mal anders gemacht hat und der Unternehmer sein System durch neue Ideen verstört.

Der Unternehmer

Der Unternehmer ist der Motor der hinter allem steht. Er lebt in der Zukunft, ist also der, der neue Visionen entwickelt. Er ist glücklich, wenn er seine Träume verwirklichen (lassen) kann. Daher bringt er ständig neue Ideen ins Spiel und revolutioniert so permanent das System. Er ist für die Kunden der Zukunft zuständig, nimmt deren Bedürfnisse und Trends wahr. Er arbeitet ausschließlich am Unternehmen und ist für die Regelung der Nachfolge und das Definieren von Rahmenbedingungen zuständig. Der Unternehmer empfindet oft den begrenzten Blick aus der Fachkraft-Brille und das Mitschleppenmüssen aller als anstrengend.

Und jetzt machen Sie eine einfache Übung: Lassen Sie Ihren Arbeitstag vor Ihrem inneren Auge ablaufen. Betrachten Sie alle Dinge, die Sie aktuell in der Regel tun.

Wie viel Ihrer Zeit verbringen Sie in der Unternehmerrolle und widmen sich tatsächlich den Unternehmeraufgaben?

Also den Aufgaben, die die Zukunft Ihres Unternehmens sichern und die auch kein anderer für Sie erledigen kann. Passiert es Ihnen, dass:

Fachkraft	Manager	Unternehmer
arbeitet **im** Unternehmen	arbeitet **im** und **am** Unternehmen	arbeitet **am** Unternehmen
Operativer Macher, lebt im Hier und Jetzt	Gibt Regeln vor und überwacht	Ist die Energie hinter allem und lebt in der Zukunft
Die Fachkraft ist glücklich, wenn der Kunde zufrieden ist/das Produkt gut geworden ist	Der Manager ist glücklich, wenn das System funktioniert	Der Unternehmer ist glücklich, wenn er seine Vision verwirklichen kann
Verantwortlich für die heutigen Kunden	Verantwortlich für die heutigen Mitarbeiter	Verantwortlich für die Kunden von morgen und seinen Nachfolger

... Sie a) sehr viel Zeit in der Rolle des Managers verbringen? Dass Sie sehr oft die Feuerwehr spielen und Probleme lösen müssen? Und was ist dafür die Ursache?

Schlüsselfragen:
- Steht Ihr System, haben Sie Abläufe, Standards und Strukturen klar definiert?
- Gibt es jemanden, der die Einhaltung überwacht und Prozesse permanent optimiert?
- Wenn nein, ist es an der Zeit, jemanden zur Manager-Rolle zu befähigen?
- Wenn ja, ist es notwendig, die Manager-Aufgaben und Verantwortungen zu klären oder ist der Manager überlastet?

... Sie b) sehr viel Zeit in der Rolle der Fachkraft verbringen? Dass Sie also sehr viel vom Kundengeschäft selbst abwickeln? Und was ist dafür die Ursache?

Schlüsselfragen:
- Macht Ihnen die Fachkraft-Aufgabe viel mehr Spaß? Ist das Ihre wahre Leidenschaft und machen Sie die Unternehmeraufgaben nur gezwungenermaßen?

- Kann es sein, dass Sie meinen, Sie müssen die Fachkraft-Rolle zu 100 Prozent ausüben und die Manager- und Unternehmeraufgaben dann noch on top hinkriegen?
- Müssen Sie ständig einspringen, weil Ihre Fachkräfte nicht ausreichend befähigt oder zu wenig sind?
- Hat Ihr Unternehmen einen Wachstumsschritt gemacht und Sie sollten die Gründerphase, in der Sie automatisch alle drei Rollen innehatten, nun hinter sich lassen?
- Empfinden Sie die Unternehmeraufgaben als Überforderung und flüchten unbewusst lieber in die Fachkraft-Rolle?

Was es auch immer ist, bleiben Sie ganz entspannt. Es geht hier nicht um Wertung, es geht nur darum, die wahre Ursache zu finden. Nur dann können Sie die richtige Veränderung ableiten. Viele Unternehmer haben nie gelernt, was genau die Unternehmeraufgaben sind und wie man diese idealerweise erledigt. Für vieles gibt es auch keine klare Regel. Zum Beispiel ab wie vielen Fachkräften genau ein Manager notwendig ist. Zweitens ist der Unternehmer für alles Neue und alle Brennpunkte zuständig. Erst wenn er selbst eine Lösung für ein neu aufgetretenes Problem gefunden hat, weiß er ja, an wen er die Sache delegieren könnte. Also ist der Tagesablauf des Unternehmers in der Tat am wenigsten plan- und vorhersehbar. Fakt ist allerdings eins: Die Unternehmeraufgaben müssen gemacht werden.

Eine Orientierung, welche Handlungsfelder zur Unternehmerrolle gehören gibt Ihnen Impuls 15, die *Ordnung von Unternehmer-Themen*. Für diese Aufgaben müssen Sie Zeitfenster in Ihren Tag einplanen. Und dafür müssen Sie die Manager- oder Fachkraft-Rolle reduzieren.

MEHR DINGE
SCHNELLER ZU TUN
IST KEIN ERSATZ
DAFÜR, DAS RICHTIGE
ZU TUN.

STEPHEN R. COVEY

Das Fatale an den Unternehmeraufgaben ist, dass sie die Eigenschaften eines Bumerangs haben: Sie kommen wieder zu Ihnen zurück. Sie landen so oder so wieder auf Ihrem Tisch, ob Sie nun wollen oder nicht. Und wenn sie zurückkommen, dann mit großem Knall: Sie sind dann nicht mehr nur wichtig, sie sind dann auch noch enorm dringend.

Schauen wir uns ein Modell aus der neuen Generation des Zeitmanagements an, das den Effekt sehr gut darstellt. Dabei werden alle Aufgaben in eine Matrix eingeordnet. Diese unterscheidet zwischen »Wichtig« und »Nicht wichtig« sowie »Dringend« und »Nicht dringend«.

Die klassischen Unternehmeraufgaben gehören in den Quadrant II, den Quadrant der Qualität und Prävention. Sie sind wichtig, aber noch nicht dringend. Hier geht es um Aufgaben aus dem Bereich Planung: Die Arbeit an Ihrem Leitbild, Ihrer Strategie, das Führen von Mitarbeitergesprächen oder Meetings, Gespräche mit Partnern wie Bank, Steuerbüro oder Lieferanten, solange diese noch ohne Zeitdruck, also nach Plan laufen. Schieben Sie diese Arbeit auf oder ignorieren Sie diese Aufgaben, landen diese automatisch in Quadrant I, dem Quadrant der Krise. Sie sind dann immer noch wichtig, aber so dringend, dass sie sofort gemacht werden müssen. Je mehr Aufgaben sich von Quadrant II in Quadrant I verschieben, umso kritischer wird Ihre Lage. Befinden Sie sich irgendwann den ganzen Tag in Quadrant I, hetzen also den wichtigen Themen hinterher, werden sich bald die ersten körperlichen Symptome von Stress zeigen: Kopf- oder Rückenschmerzen, Schlafstörungen oder dauerhafte Erkältungen.

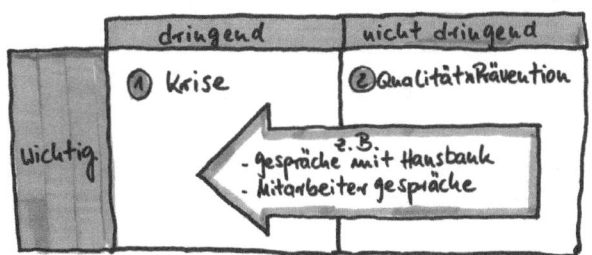

Was können Sie konkret tun?

Erkennen, welche Ihrer Aufgaben sich durch Zögern, mangelnde Planung oder Vorbereitung in Quadrant I verschieben und Sie in die Krise treiben. Sorgen Sie für Zeitfenster, in denen Sie die wichtigen Aufgaben aus Quadrant II erledigen können und setzen Sie diese rigoros durch. Es ist schlimmer, wenn Sie die Unternehmeraufgaben nicht machen, als wenn Kunde A, den Sie bisher selbst betreut haben, an einen fähigen Mitarbeiter übergeben wird. Je mehr Zeit am Tag Sie in Quadrant II verbringen, umso größer wir Ihre Handlungsfähigkeit.

Schauen wir mal, wo wir noch etwas Zeit rausholen können und betrachten die beiden unteren Quadranten III und IV. Beide enthalten Tätigkeiten, die nicht wichtig sind.

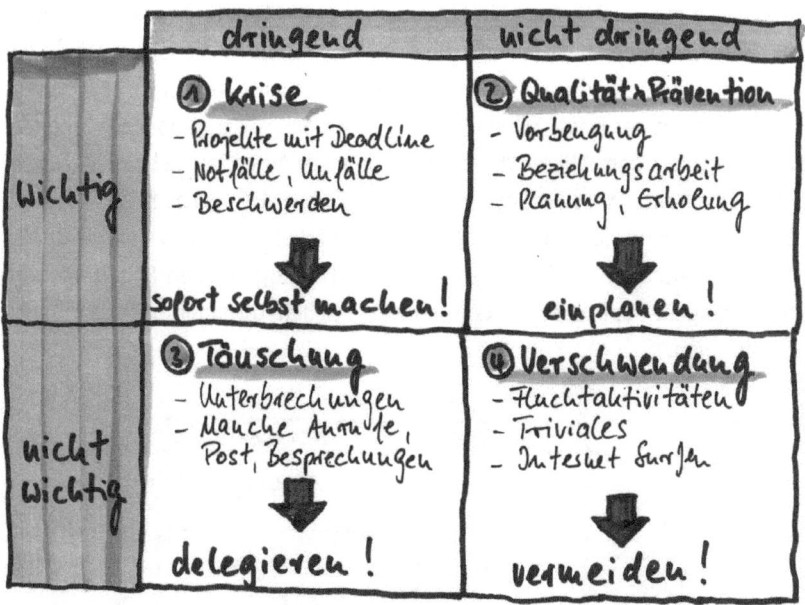

Selbstverständlich sagt jeder direkt, dass er sich da nicht aufhält. Bei genauerer Analyse der täglichen Aufgaben stellt sich allerdings oft heraus, dass es doch immer jemand geschafft hat, den Unternehmer beziehungsweise die Führungskraft in einen der beiden Quadranten hineinzuziehen. Quadrant III heißt nämlich nicht umsonst Quadrant der Täuschung. Die Tätigkeiten, die man hier erledigt, sind zwar rückwirkend betrachtet oft doch nicht wichtig, allerdings im Augenblick der Wahl sehr dringend. Und der Trubel der Dringlichkeit erzeugt oft den Anschein von Wichtigkeit. Sie kennen das Phänomen, wer am lautesten schreit, wird gehört und die Führungskraft kümmert sich. Egal, ob es sich um den Anruf eines Kunden handelt, den dann doch auch eine Fachkraft hätte bearbeiten können oder das Gespräch mit einem Mitarbeiter, dass man doch an eine Führungskraft hätte delegieren können. Hinterher ist man schlauer, die Zeit ist jedoch weg. Entscheidend ist, die eigene Achtsamkeit zu schärfen und in Zukunft anders zu reagieren.

Noch dramatischer ist es allerdings in Quadrant IV. Die Aufgaben und Tätigkeiten, die hier hinein gehören, sind weder wichtig noch dringend, es ist der Quadrant der Verschwendung. Interessanterweise finden wir auch hier immer Tätigkeiten, die reine Zeitfresser sind und trotzdem gemacht werden. Hier gibt es nämlich die fatale Wechselwirkung mit Quadrant I: Kämpfen wir den ganzen Tag gegen die Zeit, flüchten wir vor lauter Erschöpfung in Quadrant IV. Wir wollen uns dann endlich auch was gönnen oder uns einfach nur mal fallen lassen. Und dann schleichen sich ungesunde Gewohnheiten ein wie sich abends auf die Couch zu knallen und vom Fernseher berieseln lassen oder stundenlang im Social Web zu surfen. Allerdings ist es keine echte Erholung (Quadrant II), die energetisch auflädt und die Vitalität fördert. Manchmal empfindet man danach noch mehr Frust oder fühlt sich genauso ausgelaugt wie vorher.

In Quadrant IV gehören auch die recht weit verbreiteten Fluchtaktivitäten: Tätigkeiten, in die wir uns flüchten, weil wir die anderen nicht tun wollen. Sicher kennt jeder die harmlose Form davon: Wenn kurz vor Abgabe einer Hausarbeit die Wohnung wie geleckt ist. Egal ob die Ursache die berühmte Aufschieberitis oder eine echte Blockade ist, entscheidend ist, dass Sie das

Verhaltensmuster wahrnehmen. Denn hier schließt sich der Kreis: Flüchten Sie in die Manager- oder Fachkraftrolle oder in andere Tätigkeiten, fehlen Ihnen dadurch Zeit und Kraft für Ihre Unternehmeraufgaben!

Die magische Bank (Autor unbekannt)

Stellen Sie sich vor, Sie haben bei einem Wettbewerb folgenden Preis gewonnen: Jeden Morgen, stellt Ihnen eine Bank 86.400 Euro auf Ihrem Bankkonto zur Verfügung. Doch so wie jedes Spiel Regeln hat, gilt auch hier: Alles was Sie im Laufe des Tages nicht ausgegeben haben, wird Ihnen weggenommen. Sie können das Geld nicht einfach auf ein anderes Konto überweisen, Sie können es nur ausgeben. Aber jeden Morgen, wenn Sie aufwachen, eröffnet die Bank Ihnen ein neues Konto mit neuen 86.400 Euro für den kommenden Tag. Die Bank kann das Spiel ohne Vorwarnung beenden. Zu jeder Zeit kann sie sagen: Das Spiel ist aus. Sie kann das Konto schließen und Sie bekommen kein Neues mehr.

Was würden Sie tun? Würden Sie sich schnell alles kaufen, was Sie schon immer wollten? Vielleicht gar nicht nur für sich selbst, sondern auch Menschen, die Sie lieben? Und vielleicht sogar für Menschen, die Sie nicht kennen, da Sie das Geld ja niemals für sich alleine ausgeben könnten ... Sie würden versuchen, jeden Cent auszugeben und ihn zu nutzen oder?

Das Spiel ist bereits Realität

Jeder von uns hat so eine magische Bank. Wir sehen diese nur nicht. Die magische Bank ist die Zeit. Jeden Morgen, wenn wir aufwachen, bekommen wir 86.400 Sekunden Leben für den Tag geschenkt und wenn wir am Abend einschlafen, wird uns vertane Zeit nicht gutgeschrieben. Was wir an diesem Tag nicht gelebt haben, ist verloren. Jeden Morgen beginnt sich das Konto neu zu füllen. Aber die Bank kann das Konto jederzeit auflösen, ohne Vorwarnung. Und nun die entscheidende Frage:

• Was machen Sie also mit Ihren täglichen 86.400 Sekunden?
• Sind diese eventuell viel mehr wert, als die gleiche Menge in Euro?

IMPULS 17: MACHTSPIELEN ENTKOMMEN!

Macht begegnet uns überall, wo Menschen aufeinandertreffen: In Unternehmen, in der Politik, aber auch im Privatleben, in Vereinen, im Freundeskreis oder in Paarbeziehungen. Und es ist ja auch Gutes daran: Manchmal muss man Erwartungen oder Bedürfnisse von anderen übergehen, um seine eigenen Interessen durchzusetzen. Manchmal braucht es auch ein Machtwort, damit es endlich zu einer Entscheidung kommt. Dann wirkt Macht wie ein reinigendes Gewitter: Es klärt auf und die Lage beruhigt sich wieder. Und: Macht bringt Menschen oft in Positionen, wo sie mehr Handlungsspielraum haben und endlich richtig loslegen können. Sie hilft also, pro-aktiv sein und wirklich etwas bewirken zu können.

Die andere Seite der Medaille ist allerdings, wenn sich Machtspiele im Unternehmen als feste Verhaltensmuster etabliert haben. Wenn Fassadentechniken und Imponiergehabe, verdeckte Appelle oder »das eine sagen, das andere meinen« zur Unternehmenskultur gehören. Wenn sich in einer Organisation nicht der durchsetzt, der etwas am besten kann, sondern der, der es versteht Informationen oder Beziehungen zu seinem eigenen Vorteil zu nutzen.

Der Sozialpsychologe Dacher Keltner von der University of California in Berkeley spricht von einem Paradoxon der Macht: »Exakt jene Fähigkeiten, die dazu führen, dass jemand zur Führungsperson wird, gehen offenbar verloren, wenn die machtvolle Position eine Weile ausgeübt wurde«, meint er. Studien ergaben, dass Menschen, wenn sie an Macht gewinnen, ihre Fähigkeiten stärker überschätzen, höhere Risiken eingehen und häufiger Sichtweisen anderer ignorieren. Beachten Menschen soziale Normen also umso weniger, je mehr Macht sie haben? Oder liegt es daran, dass man mit zunehmender Macht immer weniger ehrliches Feedback kriegt nach dem Motto »Der Chef hat immer recht«?

Wir denken, mit wachsender Macht zeigt sich, wer eine echte Führungspersönlichkeit ist: Denen ist es nämlich wichtig, sich mit allen Mitmenschen auf Augenhöhe zu bewegen. Sie nutzen ihre hierarchische Macht nicht, um andere klein und sich selber größer zu machen. Sie nutzen ihre Macht, um Menschen in ihrer Entwicklung voran zu bringen. Sie können differenzieren, wann sie kooperativ und demokratisch unterwegs sind und wann sie klipp und klar Entscheidungen treffen und diese konsequent umsetzen. Sie sind in ihrem Verhalten offen, gleichzeitig aber auch verbindlich und zuverlässig. Und vor allem sind sie eins: Ehrlich sich selbst und anderen gegenüber. Macht kann also korrumpieren, muss aber nicht!

Aber wir sollten auch die Machtspiele, die in Organisationen von unten nach oben gespielt werden, nicht unterschätzen. Gemeint ist diese Art von Spielchen, durch die Mitarbeiter versuchen Einfluss auf ihre Führungskraft zu nehmen oder sich deren Einfluss zu entziehen. Auch die kosten Führungskräfte oft unendlich Zeit und Kraft. Und sie können der Auslöser für Demotivation sein: Nämlich bei den Mitarbeitern, die in Machtspiele anderer reingezogen werden oder die mit ihrem ehrlichen Verhalten schlicht untergehen.

Beliebte Machtspiele von Mitarbeitern
Wir alle kennen die Machtspiele, die in Organisationen täglich so von oben nach unten gespielt werden: Das Geben von Lob und Anerkennung oder eben genau nicht, das Drohen oder Schuld verschieben, das Manipulieren oder Demütigen. Matthias Nöllke (2015) differenziert in seinem Klassiker *Machtspiele* sogar in sieben verschiedene Spielvariationen von Boss-Spielen, die vorwiegend dazu dienen, sich Respekt zu verschaffen. Gern auch hinter der trendigen Fassade eigentlich eher der Teamplayer zu sein.

Genauso gibt es Spiele, die von unten nach oben gespielt werden, die sogenannten Mitarbeiterspiele. Denn im Grunde haben Mitarbeiter eine große Macht: Sie sind diejenigen, die die Projekte und Aufgaben umsetzen sollen, man kann schließlich nicht alles alleine machen und auch nicht immer direkt für Ersatz sorgen. Zweitens haben sie Fachwissen oder auch Fähigkeiten, die man als Chef nicht hat, deswegen wurden sie ja ausgewählt. Drittens gehört es zu ihrer Rolle als Fachkraft, dass sie ganz nah am Kunden sind. Also sind sie oft die entscheidende Informationsquelle, was Kundenbedürfnisse und Feedback betrifft. All dies führt zu einem gewissen Grad von Abhängigkeit und damit hat der Mitarbeiter jede Menge Einflussmöglichkeiten.

Mitarbeiterspiel: Vollbeschäftigung

Ist das Spiel *Vollbeschäftigung* in Ihrem Unternehmen etabliert, lernen neue Mitarbeiter es direkt ab ihrem ersten Arbeitstag und zwar einfach, indem sie ihre Kollegen beobachten: Aufgaben werden aufgebauscht, indem Details dramatisiert werden, man klagt permanent darüber, wie viel man noch zu tun hat, man bezieht so viele Kollegen wie möglich in eigene Probleme ein, indem man sie abwechselnd um Rat fragt oder vorsichtshalber mal mit auf CC setzt – vorgetäuschte Vollbeschäftigung in der höchsten Exzellenzstufe. Oft hört man von Arbeitgebern dazu den Spruch: »Ja ja, die Arbeit dehnt sich immer auf die Zeit aus, die der Mitarbeiter hat.« Sprich: Wird ein Verantwortungsbereich an eine andere Abteilung abgegeben, hat der Mitarbeiter trotzdem nicht Arbeitszeit frei, sondern ist »immer noch bis zum Rand dicht«. Wer dagegen still vor sich hin seine Aufgaben wegarbeitet läuft Gefahr, nicht wahrgenommen und gar hinterfragt zu werden. Was macht der eigentlich gerade? Hat der auch genug zu tun?

Spielen Sie als Führungskraft das Spiel mit, besteht das Risiko, dass es sich verselbstständigt. Nebensächliche Aufgaben bekommen Wichtigkeit, Sie werden ständig durch Rückfragen und Massen an unwichtigen Mails oder Infos unterbrochen, Ihr Schreibtisch füllt sich mit allen möglichen Themen, wo sie in die Entscheidungsfindung einbezogen werden. Sie müssen Ihre Arbeit ständig unterbrechen, weil Ihre Mitarbeiter nicht mehr die Verantwortung für ihren Kram übernehmen. Aber nicht, weil sie das nicht können, sondern weil sie Angst haben, dass sie für selbstständiges Abarbeiten eher Minuspunkte sammeln.

Wie können Sie gegenwirken?

- Schauen Sie bei sich selbst, ob Sie durch Ihr Verhalten das Spiel bisher fördern oder gar selbst heraufbeschwören. Wenn Chefs Mitarbeiter permanent zeitlich unter Druck setzen, müssen diese sich retten, indem sie Aktivitäten erfinden, die ihnen wieder Luft verschaffen. In diesem Fall wäre das Spiel also berechtigt.
- Schätzen Sie realistisch die Aufgaben und die notwendigen Arbeitszeiten dafür ein und akzeptieren Sie, wenn der Mitarbeiter dann diese Zeit auch braucht. Machen Sie es sich nicht zur Gewohnheit, Mitarbeiter immer wieder mal künstlich unter Druck zu setzen.
- Geben Sie Verantwortungen und Kontrolle eindeutig ab und reduzieren Sie überflüssige Abstimmungsrituale. Achten Sie darauf, dass Sie kein Mikromanagement betreiben, also alles bis ins Detail wissen oder kontrollieren wollen.
- Erheben Sie Überbelastung oder dauerhafte Überstunden nicht zur Tugend. Durch Ihre Anerkennung kann sich der Glaubenssatz »Ich bin der Beste, wenn ich länger mache« als Zielbild etablieren. Langfristig geht die Rechnung eh nicht auf.

Mitarbeiterspiel: Ganz wie Sie wünschen

Zu diesem Machtspielchen fühlen sich Mitarbeiter gezwungen, wenn sie das Gefühl haben, ihr Chef hat sie übergangen. Er hat einfach entschieden und sie als Experten des Fachgebietes oder Problems nicht gefragt. Variante zwei: Der Chef hat die Mitarbeiter zwar gefragt, allerdings ist er auf keins ihrer Argumente eingegangen. Am Ende der Diskussion hat er seine eigene Idee zu 100 Prozent durchgesetzt und nun muss diese von den Mitarbeitern umgesetzt werden.

Was bewirkt das emotional beim Mitarbeiter? Das Gefühl komplett ignoriert worden zu sein, führt zu innerer Ablehnung des Auftrags. Entscheidet sich der Mitarbeiter für das Machtspielchen »Ganz wie Sie wünschen« geht es für ihn nun darum die Pläne des Vorgesetzten so umzusetzen, dass sie scheitern. Der Mitarbeiter macht Dienst nach Vorschrift, seine Fassade »Was ist? Ich mache doch genau, was Sie gesagt haben!« steht perfekt. Allerdings schwingt hier nonverbal in Mimik und Gestik das »... und ich werde genau dadurch die Sache zum Scheitern bringen« gleich mit. Jetzt wird es doppelt schwierig für die Führungskraft: Da der Mitarbeiter nun im Projekt nicht mehr mitdenkt wird er nicht mehr korrigierend eingreifen und für die Sache handeln, wenn es notwendig wäre, um das Projekt zum Erfolg zu bringen. Und da der Mitarbeiter sich ausreichend genug an die Vorgaben hält, kann man ihm hinterher tatsächlich nicht die Verantwortung für das Scheitern geben.

Bei diesem Spiel hat die Führungskraft eindeutig das Nachsehen: Der Mitarbeiter tut nur das Notwendigste und hält sich mit all seinem Expertenwissen und Fähigkeiten raus. In den entscheidenden und leider unvorhersehbaren Momenten, in denen sich Möglichkeiten zum Nachjustieren ergeben, tut er einfach nichts. Also wird das Projekt tatsächlich scheitern. Und das liegt dann wiederum eindeutig im Verantwortungsbereich der Führungskraft.

Wie können Sie gegenwirken?
• Hier hilft nur eins: Achtsamkeit. Nur wenn Sie wahrnehmen, dass sich einer Ihrer Mitarbeiter übergangen fühlt, können Sie gegenwirken.
• Fragen Sie nach, wenn Sie das Gefühl haben, dass ein Mitarbeiter plötzlich seine Verantwortung nicht mehr erfüllt und holen Sie den Mitarbeiter mit ins Boot.
• Gehen Sie auch mal einen Kompromiss ein, versuchen Sie, Ideen von Mitarbeitern zu integrieren, auch wenn das nicht Ihre Lieblingslösung ist.
• Liefern Sie Fakten für Ihre Lösung nach, bis Ihre Mitarbeiter zustimmen.
• Prüfen Sie, ob es eine Alternative gibt, dieses Projekt an einen externen Dienstleister zu übergeben. Manchmal hilft schon diese Andeutung und der Mitarbeiter fühlt sich an seiner Ehre gepackt und übernimmt wieder die Verantwortung für das Projekt. Das wirkt vor allem, wenn die erste Reaktion des Mitarbeiters eine Trotz-Reaktion war und Sie sich jetzt doch auf der Sachebene einigen können.

Mitarbeiterspiel: Nüsse verstecken

Es liegt in der Natur der Sache, dass Chefs die Arbeiten ihrer Mitarbeiter korrigieren. Und dabei gibt es zwei Typen: Die, die sich selbst gern wichtigen Arbeiten zuwenden und denen es darum geht, dass die Inhalte stimmen. Bei der Korrektur achten sie auf das Wesentliche und können Arbeiten sogar ohne Korrekturen und nur mit Lob zurückgeben.

Und dann gibt es die, die sich wichtig fühlen, wenn sie andere korrigieren. Die ihre Macht gern demonstrieren und dadurch auf jeden Fall etwas bemängeln und sei es nur ein kleiner Formfehler. Oder die Kriterien aufstellen, die dann bei der Korrektur aber plötzlich nicht mehr gelten. Willkürlich werden neue erfunden oder gar das ganze Briefing geändert. Läuft dies als festes Verhaltensmuster ab, müssen Mitarbeiter schon aus Selbstschutz auf das Nüsse-verstecken-Machtspiel zurückgreifen. Um Zeit zu sparen und das ganze Prozedere direkt abzukürzen, basteln sie ein paar Mängel in ihre Arbeit. Damit der Chef sich gut und bestätigt fühlen kann, wenn er etwas findet. Und damit er es im Idealfall dann bei diesen Fehlern bewenden lässt und die nachfolgende Korrektur der Arbeit für den Mitarbeiter schnell geht.

Wie können Sie gegenwirken?
* Sorgen Sie für klare Leistungskriterien: Qualitätsstandards, Projektpläne, Spielregeln, festgelegte Vorgehensweisen auf die Sie sich gemeinsam mit dem Team einigen. Diese gelten dann bei Korrekturen.
* Vermeiden Sie Willkür. In all Ihrem Handeln. Da Willkür immer ganz nah an Schikane ist, provozieren Sie damit immer, dass Mitarbeiter versuchen, diese Situation zu umgehen. Sie denken sich zeitraubende Strategien aus. Indem Sie Willkür vermeiden, sorgen Sie immer dafür, dass die Energie der Mitarbeiter in die Sache gesteckt wird und nicht in Machtspielchen.

MACHT KORRUMPIERT, ABSOLUTE MACHT KORRUMPIERT ABSOLUT.

JOHN DALBERG-ACTON

In eigener Sache: Der Machtfalle entkommen!

Damit wären wir bei der dunklen Seite der Macht angekommen, die aktuell in unserer Wirtschaftswelt noch weit verbreitet ist. Sie sitzt immer dann am Steuer, wenn Macht nicht als Möglichkeit genutzt wird, etwas Positives für die Sache oder Mitarbeiter zu bewirken, sondern dafür, aufgrund seiner Position oder seines Amtes über andere zu bestimmen. Wenn es darum geht, seinen eigenen Willen gegen den anderer durchzusetzen und seinen Einfluss um jeden Preis geltend zu machen. Im fortgeschrittenen Stadium gern auch nach dem Motto »Koste es, was es wolle«. Dann bedeutet Macht, über Druckmittel zu verfügen, die man bei Bedarf ausspielt. Oder Einfluss auf andere wichtige Menschen oder gar die soziale Anerkennung anderer zu haben.

Die Übergänge von der guten Seite der Macht zu Situationen, in denen man im Grunde für die Sache handelt, dann aber doch etwas zum persönlichen Vorteil dreht, sind fließend. Daher ist es manchmal schwer, diese Situationen direkt zu erkennen und entgegenzuwirken. Je höher man im Hierarchie-Ranking aufsteigt, umso mehr muss man lernen, Gelegenheiten zu widerstehen. Es ist wichtig wahrzunehmen, wann das Ego am Zug ist und man im Begriff ist etwas zu tun, mit dem man sich hinterher schlecht fühlt. Es ist wichtig daran zu arbeiten, dass die Selbstdisziplin jeden Tag ein bisschen stärker und das Ego jeden Tag ein bisschen schwächer wird.

Ihr persönliches Notfall-Kit

Stoppen Sie Gedanken und den inneren Dialog, wenn er ihnen einredet, wo Sie noch mehr für sich rausschlagen müssten. Brechen Sie Gespräche mit Menschen ab, wenn es darum geht, Sie zu einem Handeln für persönliche Vorteile zu überreden.

Nutzen Sie Ihre Macht dazu, fähige Mitarbeiter und Ihr Team zu stärken:

Handeln Sie als echter Mentor! Bauen Sie bürokratische Hürden ab, nutzen Sie Ihr Netzwerk für Ihre Mitarbeiter, setzen Sie Ziele, aber lassen den Mitarbeiter in der Art und Weise wie er diese erreicht so viel Freiheit wie möglich!

Geben Sie Verantwortung ab! Viele Chefs haben Angst, an Macht zu verlieren und verhindern, dass ihre Mitarbeiter selbstverantwortlich agieren. Das ist allerdings eine Milchmädchenrechnung, damit gefährden Sie höchstens ihren Chefposten: Die Arbeitswelt 4.0 braucht vernetzte Verantwortung! Wer verantwortet, muss auch entscheiden dürfen. Kein Wunder, dass Hierarchieabbau gerade im Trend liegt.

Wirken Sie als Sinnstifter! Entwickeln Sie mit Ihren Mitarbeitern eine Vision, damit sie erkennen, was sich durch ihre Arbeit erreichen lässt. Zeigen Sie, welchen Einfluss der einzelne Beitrag zum großen Ganzen hat und weshalb diese oder jene Aufgabe wichtig ist.

Arbeiten Sie so transparent wie möglich! Gehen Sie aktiv in den Austausch mit Mitarbeitern, stellen Sie auch Zwischenergebnisse zur Diskussion, fragen Sie Mitarbeiter öfter mal um Rat – Entwicklung 4.0 bedeutet, sich im Kollektiv weiterzuentwickeln!

Sie werden sich glücklicher und zufriedener fühlen.

»Eines Abends erzählte eine alte Cherokee Indianerin ihrem Enkel von einem Kampf im Inneren der Menschen. Sie sagte, ›Mein Sohn, dieser Kampf ist ein Kampf zwischen zwei Wölfen, der in uns tobt. Einer ist Negativität. Er ist Ärger, Traurigkeit, Verachtung, Furcht, Abscheu, Neid, Schuld und Hass. Der andere ist Positivität. Er ist Freude, Dankbarkeit, Gelassenheit, Interesse, Hoffnung, Stolz, Vergnügen, Inspiration, Ehrfurcht und vor allem Liebe.‹ Der Enkel dachte darüber nach und fragte dann seine Großmutter ›Welcher Wolf gewinnt?‹ Die alte Indianerin antwortete ganz einfach: ›Der, den du fütterst.‹«

Barbara Fredrickson

IMPULS 18: WIE SIE AN KONFLIKTEN SPASS HABEN KÖNNEN!

Wo Menschen miteinander zu tun haben, gibt es auch Konflikte. Wo Konflikte verdrängt werden und vor sich hin gären, werden keine guten Ergebnisse erzielt. Es gibt eine Menge Studien, die sehr genau aufzeigen, das ungelöste Konflikte für das Unternehmen am Ende bedeuten: Verheerende Kosten! Das heißt wir wissen, dass die Qualität der Kooperation in Teams ganz eng mit deren Leistungsqualität zusammen hängt. Und trotzdem umschiffen wir Konflikte oft so lange, bis es knallt. Dabei könnten wir Konflikte auch als Helfer sehen! Denn sie zeigen uns, wo es im Unternehmen hängt und wo sich Brennpunkte befinden. Sie haben eine wichtige Signalfunktion und sind das Zeichen dafür, dass eine Veränderung notwendig ist. Und darin liegt die zweite große Chance, die Konflikte bieten: Sie erzeugen den notwendigen Druck für die Veränderung, denn sie erzeugen starke Emotionen. Werden diese in die richtigen Bahnen gelenkt, kann diese Energie genutzt werden, um den Wandel anzuschieben! Die Systemtheorie geht sogar so weit, zu sagen:

»Vor jeder guten Entscheidung liegt ein Konflikt.«

Was für eine Botschaft! Ist es nicht wirklich so, dass Entscheidungen, die in völliger Harmonie geschlossen werden, oft Mogelpackungen sind? Ein Kollege hat sich angepasst, damit die gute Stimmung erhalten bleibt, ein anderer hat abgenickt, weil er heute zu müde war, sich voll ins Thema rein zu denken. Ja, es ist in der Tat anstrengender, die Meinung des anderen kritisch zu hinterfragen und sich eine echte eigene Meinung zu bilden! Von daher: Verschiedene Meinungen? Herzlich Willkommen! Eine gute Streitkultur zu haben bedeutet, dass Unterschiede in Wahrnehmungen, Ansichten oder Zielen ausgesprochen und zusammengeführt werden. Und da müssen wir hin! Das ist der Auftrag der Führungskraft:

Eine gute Streitkultur erzeugen und fruchtbare Impulse daraus ziehen, die bereichernd für das Team und das Unternehmen sein können!

So viel zur Vision. Schauen wir aber zuerst auf Ihre aktuelle Situation: Nutzen Sie Konflikte als Chance? Sprechen Sie Konflikte aktiv an und lösen diese? Denn Fakt ist:

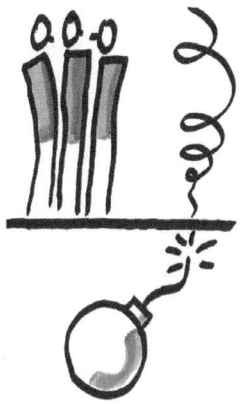

Konflikte lösen sich nicht von selbst auf!

Im Gegenteil, die Fronten verhärten sich stufenweise. Werden Konflikte verdrängt, sind also unterschwellig da, können sie sich durch unbewusste Aktionen der Beteiligten verschärfen. Wenn zum Beispiel Kollegin A völlig in Gedanken ist und Kollegin B beim Meeting nicht grüßt. Und da A mit Kollegin C zum Meeting kam, setzt sie sich auch direkt neben C und nicht auf den freien Stuhl neben B. Ist die Beziehung zwischen Kollegin A und B in Ordnung, ist das alles nicht der Rede wert. Liegt allerdings zwischen A und B eine Beziehungsstörung vor, ist die Wahrscheinlichkeit sehr hoch, das B das Verhalten von A gegen sich interpretiert. Und schon hat A unbewusst den Konflikt mit B verschärft, ohne dies überhaupt zu merken, geschweige denn zu wollen!

Es ist elementar, Beziehungsstörungen zwischen Mitarbeitern so früh wie möglich aufzuklären, denn Konflikte werden von Stufe zu Stufe komplexer. Und ab einer bestimmten Intensitätsstufe können die Konfliktparteien den Konflikt auch nicht mehr alleine lösen.

Das heißt früher oder später haben Sie als Führungskraft so oder so die Klärung auf Ihrem Tisch. Und wie oft bereut man dann, nicht schon früher die Weichen anders gestellt zu haben! Damit stehen die Ziele, die Sie als Unternehmer leiten sollten, schon fest: Konflikte erstens rechtzeitig erkennen und zweitens in konstruktive Bahnen lenken!

Jede Führungskraft braucht Konfliktlösungskompetenz
Mit Konflikten richtig umzugehen, will gelernt sein. Sich an der Frage »Wer ist schuld?« die Zähne auszubeißen, ist ebenso wenig hilfreich wie ein zu früh gesprochenes Machtwort der Führungskraft. Es geht eher darum, dass beide Konfliktparteien wieder die nötige Distanz kriegen, um die Sache aus der jeweils anderen Perspektive sehen zu können und damit aus dem destruktiven Verhalten auszusteigen. Ist ein Konflikt gut gelöst, haben am Ende beide Seiten das Gefühl, dass sie mit der Lösung gut leben können. Dazu müssen sie zumindest teilweise ihre Interessen und Ziele erreicht haben.

Die Herausforderung besteht für die Führungskraft darin, beide Konfliktparteien zur Win-win-Situation zu führen!

Doch wie geht das? Dazu müssen wir uns kurz anschauen, wie Konflikte überhaupt entstehen und welche Dynamiken wirken. Nur so können wir Handlungsstrategien ableiten, mit denen wir früh gegensteuern oder beide Konfliktparteien wieder ins konstruktive Fahrwasser lenken können.

Grundsätzlich ist es wichtig, dass Sie als Führungskraft beide Kommunikationspartner entspannen: Missverständnisse kommen täglich vor und es geht nicht um Schuldverteilung. Es geht einfach nur darum, sich neu zu einigen.

Konflikte frühzeitig erkennen und gegenwirken!

Es gibt eine geniale Methode, die hilft, Konfliktsituationen schnell analysieren und einschätzen zu können: Das Modell der Eskalationsstufen von Prof. Dr. Friedrich Glasl. Wir arbeiten schon viele Jahre damit und es ist immer wieder der gleiche Effekt: Wenn Teilnehmer erkennen, welche verheerenden Konsequenzen es haben kann, Konflikte zu ignorieren, sind sie zur Einsicht bereit. Zur Einsicht, in aktuellen verhärteten Situationen eine positive Wendung und einen Ausstieg aus dem aktuellen Verhalten hinzukriegen. Und vor allem zur Einsicht, ihren eigenen Anteil am Konflikt zu sehen. Und genau das ist der erste Schritt in Richtung Lösung: Sich selbst etwas zurücknehmen zu können, um der Sache willen. Sich selbst auch mal in Frage zu stellen und nicht zu meinen, man wäre immer Herr seiner Emotionen, seiner Körpersprachsignale oder Affekte.

1. Phase: Beide gewinnen
① Verhärtung
② Streit, Debatte
③ Taten statt Worte

2. Phase: Einer gewinnt, eines verliert
④ Koalition
⑤ Demontage, Gesichtsverlust
⑥ offene Drohungen

3. Phase: Beide verlieren
⑦ Angriffe, begrenzte Vernichtungsschläge
⑧ Zersplitterung
⑨ gemeinsam in den Abgrund

»Konflikte bedeuten Stress und unter Stress vermindert sich unsere Fähigkeit zur Selbststeuerung, während gleichzeitig die treibende Kraft der Affekte stärker wird.«

Prof. Dr. Friedrich Glasl

Eskalationsstufen von Konflikten: Die TOP 3 Erkenntnisse

* Konflikte können stufenweise intensiver und umfangreicher werden. Dabei kann ein Konflikt auch einige Zeit auf einer bestimmten Stufe stehen bleiben. Durch bewusste und unbewusste Aktionen kann allerdings die Schwelle zur nächsten Stufe überschritten werden!
* Konflikte sind komplex, das heißt, es wirken eine Vielzahl von Faktoren und Mechanismen. Es braucht einen bewussten Willensakt, um einem Konflikt eine positive Wendung zu geben und ihn damit zu beenden!
* Bewegt sich der Konflikt in den ersten drei Stufen der Eskalation, können noch beide Konfliktparteien als Gewinner aus dem Konflikt hervorgehen. Ab Stufe 4 sind die Interessen einer Konfliktpartei bereits so verletzt worden, dass nur noch einer gewinnt, der andere verliert. Ab Stufe 7 verlieren beide Parteien.

Win-Win

1. Stufe: Verhärtung

Konflikte beginnen mit Spannungen, wie ein immer häufigeres Aufeinanderprallen von Meinungen. Man ärgert sich, die Gründe für den Ärger werden aber nicht mit dem besprochen, den es betrifft. Die Standpunkte verhärten sich, Meinungen werden zu Positionen. Es wird zu wenig und zu oberflächlich miteinander kommuniziert.

2. Stufe: Streit und Debatte

Ab Stufe 2 überlegen sich die Konfliktparteien Strategien, um den anderen von seinen Argumenten zu überzeugen. Es entsteht Streit. Sie erkennen diese Stufe vor allem daran, dass beide Parteien die Unterschiede im Denken, Wollen und Fühlen betonen. Es ist ein verstärkter Konkurrenzkampf spürbar.

3. Stufe: Taten statt Worte

Die Konfliktpartner erhöhen den Druck auf den anderen, um die eigene Meinung durchzusetzen. Die Empathie mit dem anderen lässt nach, dadurch steigt die Gefahr von Fehlinterpretationen. Es findet keine Kommunikation mehr statt, wodurch sich der Konflikt schneller verschärft.

WIN-LOSE

4. Stufe: Koalitionen

Die andere Konfliktpartei wird zum Gegner. Jede Partei sucht sich Verbündete. Gemeinsam wird dann ein Feindbild aufgebaut, man beginnt sich zu bekämpfen: Man provoziert sich gegenseitig oder stellt den anderen vor vollendete Tatsachen. Es geht nun nicht mehr um die Sache, sondern ums Gewinnen. Begegnungen werden vermieden, die Kommunikation erfolgt nur noch über Dritte.

5. Stufe: Demontage

Die Konfliktparteien suchen ständig nach Beweisen für die Verfehlungen der Gegenseite. Das Klischee vom Feind wird als Brille über viele Situationen gelegt: »Von dem kann nichts Gutes kommen.« Es kommt zu direkten Angriffen. Der Gegner soll in seiner Identität getroffen und vernichtet werden. Irrationale Handlungen nehmen zu, die Gegner demontieren sich.

6. Stufe: Offene Drohungen

Es kommt zum Point of no Return. Man stellt sich gegenseitig Ultimaten und droht mit Sanktionen, um die eigene Macht zu demonstrieren. Hierdurch wird die Eskalation weiter beschleunigt.

LOSE-LOSE

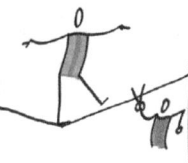

7. Stufe: Angriffe

Die Schädigungsabsicht tritt in den Vordergrund. Begrenzte Vernichtungsschläge werden unter Inkaufnahme eigener Schäden als Gewinn angesehen, Hauptsache der Gegner ist getroffen.

8. Stufe: Zersplitterung

Die Zerstörung und Auflösung des Gegners wird nun intensiv verfolgt, wobei jedes Mittel zur Erreichung des Ziels legitim erscheint. Es dominieren starke negative Gefühle wie Ohnmacht und Wut.

9. Stufe: Gemeinsam in den Abgrund

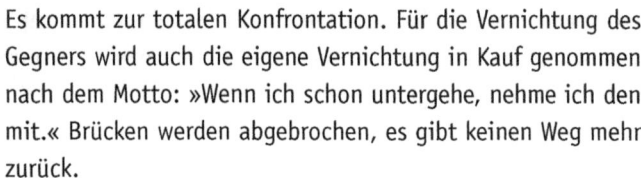

Es kommt zur totalen Konfrontation. Für die Vernichtung des Gegners wird auch die eigene Vernichtung in Kauf genommen nach dem Motto:»Wenn ich schon untergehe, nehme ich den mit.« Brücken werden abgebrochen, es gibt keinen Weg mehr zurück.

Das Modell hilft, die verhängnisvolle Tendenz zu erkennen, wenn Konflikte sich selbst überlassen werden. Und diese Erkenntnis kann der entscheidende Motivationsimpuls sein, sich in einem aktuellen Konflikt anders zu verhalten und diesen zur Klärung zu bringen. Lassen Sie Ihre Führungskräfte und Mitarbeiter in Konfliktmanagement schulen. Üben Sie die Anwendung der Eskalationsstufen bei gutem Wetter!

Ihre Exit-Strategie bei Konflikten:
- Klären Sie die unterschiedlichen Wahrnehmungen, Sichtweisen und Interessen.
- Bringen Sie Gemeinsamkeiten, besonders gemeinsame Ziele und Werte (Leitbild) immer wieder in den Fokus.
- Stoppen Sie gegenseitige Vorwürfe, indem Sie diese direkt in einen konkreten Wunsch an den anderen umformulieren lassen.

- Matchen Sie die Wünsche und Erwartungen beider Seiten zu einer gemeinsamen Lösung.
- Formulieren Sie die Lösung final in einem gemeinsamen Statement.
- Bitten Sie beide Parteien, dann tatsächlich Reset zu drücken und die Lösung anzuerkennen.

Das Harvard-Konzept als Verhandlungsmethode!

Kaum eine Konzept-Idee hat Verhandlungsstrategien in den letzten zwanzig Jahren mehr beeinflusst als die Win-win-Strategie. Ziel ist, ein Ergebnis zu erzielen, mit dem beide Parteien zufrieden sind, denn nur dann ist das Ergebnis auch nachhaltig gesichert. Das Harvard-Konzept (Fisher/Ury/Patton 2013) verfolgt die Maxime, freundschaftlich zu Einigungen zu gelangen, ohne dass eine der Parteien unterliegt. Genau das ist das Ziel, dass bei Konflikten in Unternehmen an erster Stelle steht: Die gute Beziehung zum Mitarbeiter oder zwischen zwei Mitarbeitern zu erhalten. Man will den Mitarbeiter nicht verlieren oder bei Konflikten im Team: Beide Mitarbeiter sollen wieder miteinander und produktiv arbeiten können.

In der Regel hat jeder Mensch seine eigene Art auf Konflikte zu reagieren. Da gibt es Mitarbeiter, die sich selbst als harmoniesüchtig bezeichnen. Sie möchten Konflikte vermeiden und machen daher schnell Zugeständnisse. Das kann im Nachhinein dazu führen, dass der Mitarbeiter sich ausgenutzt fühlt. Im Harvard-Konzept wird dies »der Weg der weichen Verhandlung« genannt.

Das Gegenteil davon sind Menschen, die jede Situation als Willenskampf begreifen und unbedingt gewinnen wollen, koste es, was es wolle. Dies ist laut Harvard-Konzept die »harte Verhandlung«. Das Fordern und Provozieren führt dazu, dass der »hart Verhandelnde eine ebenso harte Antwort bekommt, dass seine Mittel sich erschöpfen und seine Beziehungen zur anderen Seite in Mitleidenschaft gezogen werden.«

Das Besondere am Harvard-Konzept ist, dass es eine Alternative zu den Taktiken »Angriff« oder »Rückzug« bietet: den sogenannten dritten Weg, der Weg des sachgerechten Verhandelns.

Der dritte Weg

Bei der Methode des sachgerechten Verhandelns arbeitet man so weit wie möglich auf den gegenseitigen Nutzen hin. Es geht darum, Optionen als Lösung zu entwickeln, die für beide Seiten von Vorteil sind. Das zu erzielende Ergebnis soll die Interessen beider Parteien berücksichtigen und über den persönlichen Befindlichkeiten stehen. Neben der sachlichen Übereinkunft soll für beide Verhandlungspartner auch die persönliche Beziehung gewahrt bleiben. Die Methode arbeitet ohne Tricks und benutzt kein Imponiergehabe.

Es gilt die Maxime: »Hart in der Sache, sanft mit den beteiligten Menschen.« Das Harvard-Konzept erreicht dieses mit folgenden vier Prinzipien:

1. Trennung von Sach- und Beziehungsebene

Menschen sind emotionale Wesen. Oft kommt es im Konfliktfall dazu, dass die Beteiligten ihre Emotionen mit der objektiven Sachlage des Problems vermischen. Deswegen soll vor Klärung der Sachlage zuerst die menschliche Situation angesprochen werden. Die Partner sollen sich Seite an Seite sehen, wie sie gemeinsam das Problem lösen.

2. Auf Interessen konzentrieren

Es werden die Interessen beider Parteien herausgearbeitet, damit konstruktiv darauf eingegangen werden kann. Interessen sind die eigentlichen Beweggründe hinter den Positionen. Dies können Motive, Wünsche, Ängste oder Bedenken sein und genau die werden in der Regel nicht offenbart. Stattdessen wird auf die eigene Position bestanden. In der Verhandlung zu den jeweiligen Interessen sollte man bestimmt, aber trotzdem flexibel auftreten.

3. Optionen entwickeln

Das Harvard-Konzept empfiehlt, bereits vor dem Gespräch nach Möglichkeiten zu suchen, die einen gegenseitigen Nutzen bieten. Also Ideen zu entwickeln, die die Interessen beider Parteien befriedigen, um dann im Gespräch eine optimale Lösung erzielen zu können. Oft behindert Zeitdruck oder emotionale Anspannung während des Gesprächs die Kreativität beider Parteien. Nicht selten wird eine mögliche Lösung zu schnell abgewertet oder nach der einzig wahren Lösung gesucht. Von daher ist es hilfreich, Entscheidungsalternativen vorbereitet zu haben, die beiden Seiten einen Vorteil bieten.

4. Neutrale Beurteilungskriterien anwenden

Nun werden die verschiedenen Lösungsmöglichkeiten anhand neutraler und objektiver Beurteilungskriterien bewertet. Dies können sein: gesetzliche Richtlinien aus dem Arbeitsrecht, Steuerrecht, Berufsbildungsgesetz, Ihre BWA, Ihr Leitbild, Ihr Jahreszielplan oder eine Expertenmeinung. So ist sichergestellt, dass die Lösung von fairen Maßstäben bestimmt wird.

Der Kern des Harvard-Konzepts sind die beiden ersten Punkte. Sie helfen dabei, dass eine Verhandlung wesentlich sachlicher bleibt und lösungsorientierter abläuft. Die meisten Menschen neigen dazu, irgendwann zu taktieren, handeln zu wollen oder persönlich zu werden. Sehr oft scheitern Verhandlungen, weil sich beide Seiten nur mit ihren Positionen beschäftigen und diese als Entweder-oder-Lösung begreifen. Hier ist es wichtig, eine neue, flexible Sowohl-als-auch-Haltung zu entwickeln: »Sowohl ich gewinne, als auch der andere«; »Sowohl ich gebe in einigen Punkten nach, als auch der andere.«

Wenn beide Parteien das Gleiche brauchen, wird fair geteilt. Dabei gilt das Einer-teilt-einer-wählt-Prinzip: »Zwei Kinder streiten sich um ein Viertel Kuchen. Jeder will es haben! Was kann eine faire Lösung sein? A zerlegt den Kuchen so in zwei Teile, wie er es für befriedigend hält. B wählt danach einen dieser Teile, so wie er die Auswahl für befriedigend hält.«

IMPULS 19: NACHWUCHSSICHERUNG UND TALENTMANAGEMENT ZUR CHEFSACHE MACHEN

Im Thema Ausbildung erleben wir derzeit in Unternehmen das ganze Spektrum gefühlter Handlungsunfähigkeit: den täglichen Ärger darüber, das Azubis heutzutage nicht mehr belastbar sind, geschweige denn pünktlich; Verzweiflung weil sich die Qualität der Berufsschulen oft im freien Fall befindet, bis hin zur Hilflosigkeit, weil man keine Bewerbungsmappen mehr im Postfach hat. Gefühlt stehen wir dem Phänomen des Demografischen Wandels kollektiv ratlos gegenüber. Doch wie wir wissen, bringt Jammern uns leider nicht weiter, wie es dieser systemische Grundsatz sehr plakativ auf den Punkt bringt:

Jammern ist ein Hinweis auf Ohnmacht. Wer jammert, handelt nicht.

Genau genommen ist es nämlich fünf vor Zwölf, sprich höchste Zeit zu handeln! Und dazu haben wir genau zwei Möglichkeiten: Erstens wir schauen uns das Gesamtsystem Duale Ausbildung an, sprich die beteiligten Player, was die genau tun und was wir in Zukunft anders brauchen. Und beginnen dann unseren Bedarf als Unternehmer klar zu kommunizieren. Wir können versuchen, Synergien zu finden und mehr oder auch besser zu kooperieren. Zweitens: Wir schauen, was genau beim Thema Nachwuchssicherung in unserem Einflussbereich liegt und was da möglich ist. Wenn wir das Thema nämlich genau nicht stiefmütterlich behandeln und nebenher mitlaufen lassen, sondern es zur Chefsache erklären. Das heißt, wenn wir Unternehmer-Energie reinstecken und es professionell angehen!

Gesamtsystem Duale Ausbildung: Was können wir tun?

Dazu haben wir in Kapitel 21 alle Ritter der Tafelrunde benannt und jeweils ihre Pflicht, sprich die offiziellen Zuständigkeiten und ihre Kür, also das zusätzliche Engagement analysiert. Einige Zahlen, Daten und Fakten hatten wir genauso ernüchternd erwartet, einige haben uns positiv überrascht! Und wenn wir etwas drehen wollen, müssen wir uns damit auseinandersetzen. Besonders für kleine Unternehmen ist es durchaus interessant, auf Kooperationen mit Institutionen zu setzen, um als Arbeitgeber wahrgenommen zu werden. Allerdings helfen punktuelle gemeinsame Marketingaktionen nicht allein, ausreichend Bewerber zu aktivieren.

Der Königsweg: Die Positionierung als attraktiver Arbeitgeber

Der Königsweg ist, sich zu einem wirklich attraktiven Arbeitgeber zu entwickeln und sich auch genauso zu positionieren. Das Gute daran: Das liegt zu 100 Prozent in Ihrem Einflussbereich! Darin liegt genau die Chance: Das ist die Voraussetzung dafür, dass Sie Ihre Situation schnellstmöglich verändern können.

In medias res: Wählen Sie die richtige Haltung!

Will ich ein guter Ausbildungsbetrieb sein oder will ich billige Arbeitskräfte? Die Frage klingt simpel, doch hier trennt sich die Spreu vom Weizen. Entscheidend ist die unternehmerische Haltung zum Thema Ausbildung und ob an dieser Stelle eine Veränderung notwendig ist.

Die Kardinalfrage ist: Will ich, dass mein Unternehmen eine qualitativ gute Ausbildung bietet und ein wirklich attraktiver Arbeitgeber ist?

Oder ist mein Motiv eher die Versuchung, günstige Arbeitskräfte für Routine- und Hilfsarbeiten in meinem Unternehmen zu sichern? Es ist zunächst also am Unternehmer, hier eine Grundsatzentscheidung zu treffen. Wenn etwas erfolgreich laufen soll, muss Energie sprich Aufmerksamkeit und Zeit reingesteckt werden. Man muss es also wirklich wollen! Gefragt ist Pioniergeist und kein kleinkariertes Rumdiskutieren, ob eine 90minütige Azubi-Schulung als Arbeitszeit gerechnet werden darf.

»Wenn ich selbst nicht in drei klaren Sätzen überzeugen kann, warum ein Azubi seine Lehre in meinem Betrieb anfangen soll anstatt bei der Konkurrenz, brauche ich mich nicht zu wundern.« Pü

Fakt ist, es reicht nicht mehr, einen Abteilungsleiter zur Ausbildereignungsprüfung zu schicken und zu meinen, der macht das mit den Azubis dann. Die AEVO zu haben ist Pflicht, ein ganzheitliches Ausbildungskonzept die Kür. Sich mit den Erwartungen der neuen Generationen auseinanderzusetzen ist Pflicht, Angebote im Ausbildungskonzept zu haben, die die Bedürfnisse der neuen Generation ins Schwarze treffen, Kür!

Bei Motiv A »Unternehmensziel: Gute Ausbildungsqualität« liegt die Chance recht nahe, wirklich ein attraktiver Azubimagnet werden zu können. Und so langfristig ausreichend qualitativ gute Bewerber anzuziehen, um – sagen wir mal ab der Hälfte der Ausbildungszeit – den »Return on Education« zu bekommen und sich Fachkräfte im Unternehmen zu sichern.

Motiv B »Azubis sind zu allererst mal günstige Arbeitskräfte« ist die bisher in vielen KMUs gelebte Variante: Azubis werden ins kalte Wasser des operativen Geschäfts geschmissen, wer überlebt, darf bleiben. Wie bereits absehbar, ist Variante B aufgrund des demografischen Wandels ein Auslaufmodell.

Also bleibt im Grunde nur eine Möglichkeit: Volle Kraft voraus, um sich als attraktiver Arbeitgeber aufzustellen und sich den Fragen zu stellen:

• Was ist wichtig, damit sich junge Menschen voller Elan einbringen?
• Welche Kriterien sind entscheidend, damit sich potenzielle Azubis bei mir bewerben?

- Welche Inhalte sollte die Ausbildung in meinem Unternehmen bieten, um eine gute Ausbildungsqualität garantieren zu können?

Schnelltest:

Wenn Ihre Recruiting - Strategie so aussieht, sind Sie noch kein attraktiver Arbeitgeber.

Um echte Mehrwerte anbieten zu können, ist es wichtig, den Status quo der aktuellen Ausbildungsangebote im Unternehmen zu analysieren und sich nichts schön zu reden. Wir sollten durch die Azubi-Brille auf unser Unternehmen und unser Produkt Ausbildung schauen.

Bestandsaufnahme mit dem Herzberg-Modell
Als Analyse-Methode ist das Herzberg-Modell (Herzberg 1959) perfekt geeignet. Herzberg unterscheidet zwei Einflussgrößen auf die Motivation:

Die Hygienefaktoren

Dazu gehören alle Arbeitsbedingungen, die, wenn sie vom einzelnen Mitarbeiter als nicht akzeptabel empfunden werden, dazu führen, dass dieser unzufrieden ist. Ein Beseitigen der Missstände führt dazu, dass der Mitarbeiter nicht mehr unzufrieden ist. Leider führt das noch nicht zu Motivation. Einfach gesagt: Der Mitarbeiter meckert jetzt vielleicht nicht mehr über das Thema, aber volle Power und Mehrleistung bringt er deswegen auch nicht. Dafür wäre ein weiterer und vor allem anderer Impuls notwendig!

Die Motivatoren

Sind die Faktoren, die, wenn sie vom einzelnen Mitarbeiter als akzeptabel empfunden werden, zu hoher Zufriedenheit und Leistungsbereitschaft führen. Wenn sie gefühlt nicht den eigenen Erwartungen entsprechen, führt dies aber nicht zu Unzufriedenheit, sondern lediglich zu niedrigerer Motivation. Es sind Faktoren, die zur Motivation des Mitarbeiters beitragen und diese erhöhen können.

Es ist elementar, zwischen Hygienefaktoren und Motivatoren zu unterscheiden, um mit neuen Maßnahmen den gewünschten Effekt zu erzielen. Um Zufriedenheit und Motivation zu steigern, gelten nach dem Herzberg-Modell zwei Grundregeln:

Regel 1: Baue Demotivation ab! Die Hygienefaktoren müssen stimmen
In ein mit Frust und Demotivation vollgefülltes Fass passt nix mehr rein! Jede Investition in tolle Motivatoren wäre verschossenes Geld. Wenn zum Beispiel ein kräftezehrender Dauerkonflikt zwischen Kollegen nicht geklärt wird (Hygienefaktor Beziehungsqualität) und immer wieder die Stimmung killt, hilft auch kein Weihnachtsgeld (Motivator), um die Motivation zu steigern.

Regel 2: Biete echte Motivatoren und ein System kontinuierlicher Motivationsimpulse!

Gleichzeitig kann man sich noch so viel um die Hygienefaktoren kümmern, man kommt langfristig nicht über den magischen Punkt »nicht unzufrieden« hinaus.

Fazit: Man muss immer beides im Blick haben! Die Hygienefaktoren, mit dem Ziel, da im wahrsten Sinne des Wortes alles sauber stehen zu haben und die Motivatoren, mit dem Ziel, die Knaller zu finden, die echte Mehrwerte für die Mitarbeiter sind!

Wir empfehlen folgende Kriterien zu prüfen:

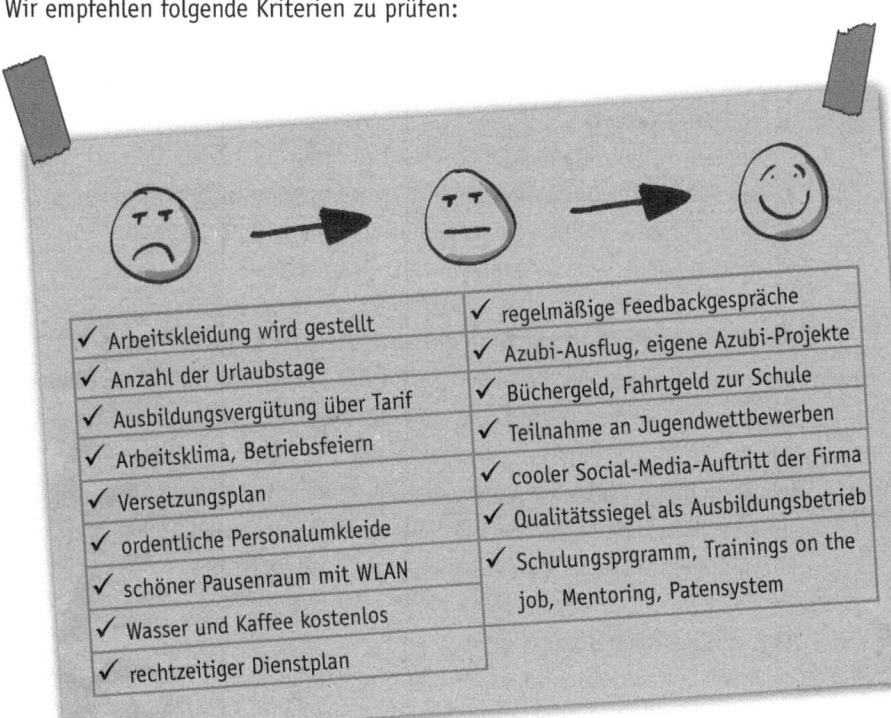

✓ Arbeitskleidung wird gestellt
✓ Anzahl der Urlaubstage
✓ Ausbildungsvergütung über Tarif
✓ Arbeitsklima, Betriebsfeiern
✓ Versetzungsplan
✓ ordentliche Personalumkleide
✓ schöner Pausenraum mit WLAN
✓ Wasser und Kaffee kostenlos
✓ rechtzeitiger Dienstplan

✓ regelmäßige Feedbackgespräche
✓ Azubi-Ausflug, eigene Azubi-Projekte
✓ Büchergeld, Fahrtgeld zur Schule
✓ Teilnahme an Jugendwettbewerben
✓ cooler Social-Media-Auftritt der Firma
✓ Qualitätssiegel als Ausbildungsbetrieb
✓ Schulungsprgramm, Trainings on the job, Mentoring, Patensystem

Leitfragen zu Ihren Hygienefaktoren:

- Wie sieht es mit unseren Arbeitsbedingungen aus? Welche lösen aktuell Unzufriedenheit aus?
- Machen Azubis Überstunden? Werden diese ausgeglichen?
- Halten wir den Azubi-Rahmenplan ein? Gibt es einen Versetzungsplan, der das Durchlaufen aller Abteilungen sicherstellt?
- Wie ist das Betriebsklima? Wie ist die Stimmung in den Abteilungen? Wie glücklich sind Azubis bei uns? Werden Konflikte gelöst?
- Ist der Informationsfluss aller Unternehmensthemen zu den Azubis sichergestellt?

Leitfragen zu Ihren Motivatoren:

- Gibt es bei uns zusätzliche monetäre Anreize? (Fahrgeld für den Weg zur Berufsschule, Büchergeld, Zuschüsse für Internatskosten oder Personalzimmer et cetera)
- Erhalten Azubis regelmäßig Feedback zu ihren Leistungen?
- Haben Azubis in unserem Hause Entwicklungsmöglichkeiten?
- Werden Azubis in ihren Stärken und Talenten gefördert?
- Können Azubis eigene Verantwortung übernehmen?

Masterplan Teil eins: Gründung eines Ausbilderteams

Nach der Bestandsanalyse haben Sie in der Regel jede Menge Themen, die angegangen werden sollten. Die nächste Frage ist: »Wer macht das jetzt? Wir brauchen ein Projektteam, klar definierte Ziele und Meilensteine. Wir brauchen einen Maßnahmenplan, der die Aufgaben so verteilt, dass die Umsetzung dauerhaft abgesichert ist! Der erste Baustein des Fundaments, das alle Aktionen trägt, ist die Gründung eines Ausbilderteams.

1. Ausbilderteam organisieren

Wir brauchen Menschen im Team, die begeisterungsfähig sind, gern mit Jugendlichen arbeiten oder etwas bewirken wollen. Sind dann ein oder zwei Ausbilder dabei, die dem Thema Ausbildung kritisch gegenüberstehen, kann der motivierte Kern des Teams diese mitziehen. Die Zusammensetzung des

Ausbilderteams hängt von der Anzahl der Berufe und Abteilungen ab. Wichtig ist, dass jeweils ein Vertreter je Ausbildungsberuf und Abteilung dabei ist. Nur so ist sichergestellt, dass das Ausbildungskonzept im gesamten Unternehmen umgesetzt wird.

Die Praxis ist oft ernüchternd: Auf dem Ausbildungsvertrag steht derjenige als Ausbilder, der irgendwann die AEVO gemacht hat. Im täglichen operativen Geschäft bildet der aus, der gerade Zeit oder vielleicht auch als Einziger Lust hat. Also gilt: Ins Ausbilderteam gehören die, die täglich Azubis anleiten und korrigieren.

2. Ausbildungsleitbild entwickeln

Hier werden alle Vereinbarungen und Regeln für das Ausbilderteam oder für Azubis festgehalten. Das heißt, es wird im Laufe des Prozesses immer wieder ergänzt. Ziel ist, dass es eine Art Leuchtturm-Funktion hat und sich das Ausbilderteam in turbulenten Phasen daran orientieren kann.

3. Organigramm Ausbilderteam

Ein Organigramm vom Ausbilder- und Patenteam gibt den Azubis am Start ihrer Ausbildung Orientierung, wer für welchen Bereich innerhalb der Ausbildung zuständig ist. Es kann auch im Recruitingprozess eingesetzt werden: Auf der Website signalisiert es professionelle Ausbildungsstrukturen, im Bewerbungsgespräch kann man anhand des Organigramms die Zuständigkeiten und Verantwortungen kurz erklären. Das macht Eindruck und erzeugt Vertrauen!

Ausbilder Küche :
- Azubirabatte
- Schulungsplan

Ausbilder Service :
- Azubikleidung

Ausbilder Animation :
- Berufsschule
- Ausbildungsvertrag

Ausbilder-Team
x
Zuständigkeiten

Junior - Ausbilder
"kümmerer"

Azubi - Sprecher

Ausbilder Empfang :
- Urlaubsanträge
- Lohnabrechnungen

Junior-Ausbilder

Junior-Ausbilder werden oft die Mitarbeiter, die selbst ihre Ausbildung im Unternehmen gemacht haben, also die Philosophie im Blut haben und ambitioniert sind. Sie kennen die betrieblichen Abläufe, verstehen die Sorgen der Azubis und haben oft sogar den Antrieb, es für die nachfolgenden Azubis besser zu machen. Ihre Hauptaufgabe ist es, jüngere Azubis im Tagesgeschäft anzuleiten sowie Abläufe und Standards zu erklären.

Azubisprecher

In erster Linie ist der Azubisprecher dazu da, Themen des Azubiteams an das Ausbilderteam weiterzugeben und sich dafür einzusetzen. Wir haben gute Erfahrungen damit gemacht, dass Azubisprecher zum Beispiel dafür verantwortlich sind:

- die gewünschten Schulungsthemen bei den Azubis zu ermitteln
- Azubi-Events inhaltlich und organisatorisch mitzugestalten
- Feedback zu den laufenden Prüfungsvorbereitungen zu geben
- Themen für gewünschte Azubi-Projekte im Azubi-Team zu ermitteln

4. Recruitingprozess: Lassen Sie sich nix durch die Lappen gehen!
Da wir heutzutage froh über jede Initiativbewerbung sind, ist es zuallererst mal wichtig, schnell zu reagieren. Idealerweise sollte ein interessanter Kandidat noch am selben Tag des Bewerbungseinganges angerufen und zu einem Kennenlernen eingeladen werden. Bleibt die Bewerbung auf einem Schreibtisch liegen, ist der Bewerber oft schon weg. Das Ausbilderteam muss sich also grundsätzlich dazu einigen, wie ein schnelles Eintüten sichergestellt werden kann.

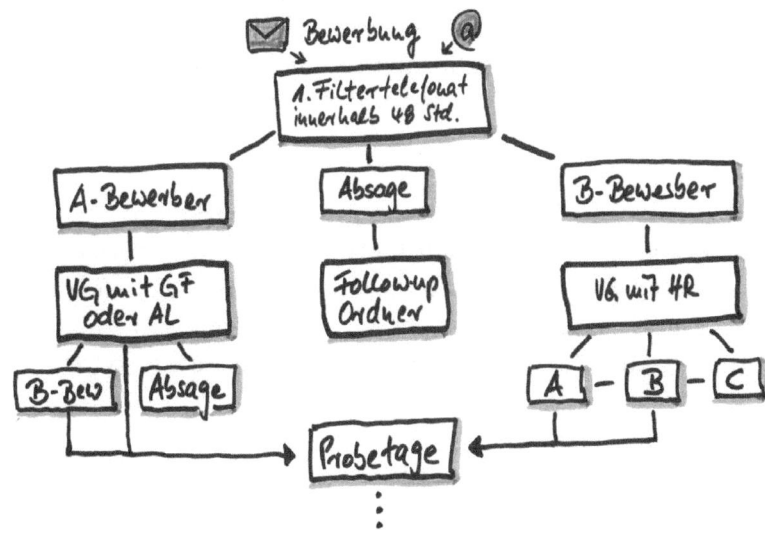

Dann sollte das Team alle Regeln festlegen. Diese gehören ins Ausbildungsleitbild. Hier ein Beispiel:

Ausbildungsleitbild – unsere Regeln für das Recruiting:
- Alle Bewerbungen werden am Tag des E-Mail/Posteingangs geprüft.
- Mit allen guten Kandidaten wird am selben oder nächsten Tag ein Kennlern-Termin vereinbart.
- Den Kennlern-Termin übernimmt jeweils der Ausbilder für diesen Beruf.
- Bei einem positiven ersten Eindruck wird ein Praktika/Einfühlungsvertrag für eine Woche vereinbart.

5. Ausbilderteam und Ausbildungskonzept ausrufen

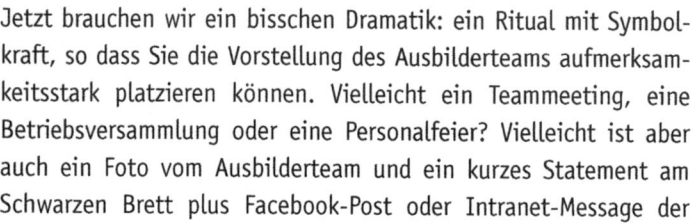

Jetzt brauchen wir ein bisschen Dramatik: ein Ritual mit Symbolkraft, so dass Sie die Vorstellung des Ausbilderteams aufmerksamkeitsstark platzieren können. Vielleicht ein Teammeeting, eine Betriebsversammlung oder eine Personalfeier? Vielleicht ist aber auch ein Foto vom Ausbilderteam und ein kurzes Statement am Schwarzen Brett plus Facebook-Post oder Intranet-Message der richtige Weg, den Großteil der Mitarbeiter zu erreichen.

Konsequent ist es, den Ausbilderteam-Status für Kunden und Mitarbeiter auch sichtbar zu machen. Intern hat es sich bewährt, im Organigramm die Verantwortung zu ergänzen. Extern sind die positiven Imageeffekte sehr groß, wenn man auf Visitenkarten und Namensschildern »Ausbilderteam« ergänzt. Alternativ könnte es auch ein Statement sein, wie zum Beispiel:

- »Mitglied Ausbilderteam«
- »Kümmerer für unsere Nachwuchstalente«
- »Ich engagiere mich für Ausbildung«

Dies wirkt oft wie ein Ritterschlag und ist zusätzlich eine Brücke, um mit Kunden über das positive Engagement ins Gespräch zu kommen. Das Thema Visitenkarte und Namensschild ist natürlich auch aufseiten der Azubis sinnvoll. Und zwar auch dann, wenn der Azubi keinen Kundenkontakt hat. Es gibt wenige Betriebe, die ihren Azubis hochwertige Visitenkarten inklusive der privaten Telefonnummer und E-Mail am ersten Tag aushändigen, die sie dann als Botschafter ihren Familien, Freunden und Mitschülern (!) geben können. Es gibt aber viele Unternehmen, die sinnlose »Wir-suchen-Azubis« Printanzeigen zahlen.

An Bezeichnungen und Titeln lässt sich häufig schon ablesen, ob Spirit im Laden herrscht oder nicht. Hier ein paar Inspirationen für Sie:

klassisch	mal anders
Auszubildender	Nachwuchstalent
Azubi 1. Lehrjahr	Nachwuchs Start-up
Ausbilder	Mentor
Ausbildungsleiter	Joda für unser Azubi-Team

6. Stimmungsabfrage Azubi-Team

Ganz wichtig: Sich in regelmäßigen Abständen als Ausbilderteam selbst zu überprüfen und sich eine objektive Meinung zur Gesamtstimmung zu bilden. Dabei kann eine Stimmungsabfrage helfen, die den Status quo darstellt und unterschiedliche Wahrnehmungen sichtbar macht. So kann schnell reagiert und pro-aktiv gehandelt werden!

Die Spielregeln sind:
- Es wird die Frage beantwortet: »Wie nimmst du aktuell die Stimmung im Betrieb wahr?«
- Der Abfrage-Rhythmus wird für das Ausbildungsjahr festgelegt, zum Beispiel »einmal im Quartal« oder »alle sechs Monate« oder situativ bei besonderen Situationen im Betrieb.
- Die Abfrage ist anonym. Es gibt einen Briefkasten, in dem alle Umschläge landen.
- Ist das Ergebnis der Gesamtzufriedenheit unter 80 Prozent, muss das Ausbilderteam mit Maßnahmen gegensteuern.

IMPULS 20: ATTRAKTIVER ARBEITGEBER OHNE GANZHEITLICHES AUSBILDUNGS- KONZEPT GEHT NICHT!

Oft werden wir als Berater erst in die Unternehmen gerufen, wenn die Ampel schon auf Rot geschaltet hat: Wenn kurz vor Start des neuen Ausbildungs- jahres festgestellt wird, dass leider keine gute Bewerbung mehr reinkam und Ausbildungsplätze unbesetzt bleiben. Dann heißt es im Briefing »Wir brau- chen jetzt ganz schnell Bewerber!« Neulich sagte ein Unternehmer sogar, er habe gehört, dass jemand mit seinen Azubis auf den Himalaya gestiegen wäre und ob wir für sein Unternehmen nicht auch so eine Aktion machen könnten, um wieder mehr Azubis zu kriegen. Unsere Antwort:

Kennen Sie eigentlich das:

Gesetz der Ernte?

»Können Sie sich vorstellen, dass sich ein Bauer durchmogelt? Dass er im Früh- jahr die Aussaat vergisst, den Sommer verstreichen lässt und sich dafür im Herbst umso mehr ins Zeug legt – den Acker pflügt, das Saatgut ausstreut, den Boden bewässert – damit er über Nacht seine Ernte einfahren kann?«

Stephen R. Covey

Die Vorstellung ist einfach utopisch. Und dieses Naturgesetz trifft definitiv auf den Bereich Ausbildung zu. Wir ernten, was wir säen. Das Image, ein »Attraktiver Arbeitgeber« zu sein, beim dem es sich lohnt eine Ausbildung zu machen, kann man nicht mal schnell machen. Und ein einmaliges großes Feuerwerk wird dauerhaft nichts nützen. Wir brauchen ein System von Impulsen, die kontinuierlich – also die ganze dreijährige Ausbildung hindurch – motivieren. Und das was wir da machen, müssen wir permanent über Social-Media kommunizieren, um die Zielgruppe in ihrer Welt anzusprechen. Wir müssen unsere Azubis zu Botschaftern und Multiplikatoren machen, dann sind wir an dem Punkt, an dem wieder ausreichend Bewerbungen reinkommen!

Die gute Nachricht: Wir haben ein Ausbildungskonzept entwickelt, dass seit vielen Jahren erfolgreich in Unternehmen umgesetzt wird. Der Plan, sich seine eigenen Fachkräfte heranzuziehen, geht in diesen Unternehmen auf. Für die konzeptionelle Entwicklung hatten wir uns die Schwierigste aller Branchen ausgewählt: die Hotellerie und Gastronomie. Wir dachten, wenn ein Konzept in dieser Branche funktioniert, kann es in allen Branchen bestehen und adaptiert werden. Denn schließlich haben wir hier schon bei den Hygienefaktoren wie Gehalt oder Arbeitszeiten schlechte Voraussetzungen. Allein das Image der Branche wirft große Schatten: Schlechte Bezahlung, viele Überstunden, rauer Ton, Feiertags- und Wochenenddienste – kurz gesagt: Kann ein Jugendlicher aufgrund guter Noten unter mehreren Ausbildungsberufen wählen, zieht die Hotellerie und Gastronomie den Kürzeren.

Employer Values bieten
Gerade für diese Branche ist es also elementar, Auszubildenden echte Mehrwerte zu bieten: Employer Values, also echte Alleinstellungsmerkmale als Arbeitgeber beziehungsweise einen Zusatznutzen, den ein Arbeitgeber bietet. Und genau das stellt ein eigenes, ganzheitlich gedachtes Ausbildungskonzept dar!

MOVE UP! – Motivations- und Förderprogramm für Nachwuchstalente

Unser Konzept besteht aus sieben Säulen. Jede Säule umfasst einen Themenbereich mit Maßnahmenpaket. Das Ausbilderteam hält die Fäden in der Hand, plant und koordiniert. In regelmäßigen gemeinsamen Workshops werden alle sieben Säulen reflektiert: Was haben wir umgesetzt? Was brauchen wir in den nächsten drei Monaten? Wenn inhaltlich möglich, übernehmen auch andere Mitarbeiter punktuell Aufgaben. Je mehr mithelfen, umso schneller haben wir das System in der 1.0 Variante stehen. Es geht darum, ein System zu erschaffen, dass die Begleitung der Azubis sicherstellt und gleichzeitig immer wieder neue Motivationsimpulse setzt!

P.S. Sie halten hier übrigens eine echte Perle in der Hand. Das Konzept wurde mehrfach ausgezeichnet und ist mit mehreren Qualitätssiegeln zertifiziert!

Säule 1: Kick off-Tage

Der erste Eindruck zählt! Man kann Azubis ins kalte Wasser schmeißen und einfach ab dem ersten Tag im operativen Geschäft mitlaufen lassen, man kann sie aber auch professionell an die Ausbildung heranführen. Die Azubis lernen kennen:

- Leitbild, Vision, Philosophie und Werte
- die Geschäftsbereiche, alle Produkte und Leistungen
- allgemeine Standards (Regeln, die für alle gelten)
- das Ausbilderteam und die Abteilungsleiter
- Personalhaus, Personalräume, Verpflegungsmöglichkeiten
- Personalparkplatz, Umkleideräume, Arbeitskleidung

Geben Sie den neuen Azubis zu allem Prospektmaterial mit. Nutzen Sie Ihre Unternehmenswebsite, um Ihre Geschäftsbereiche und Leistungen vorzustellen. Wir empfehlen, zwei Vormittage als Workshop mit der Vermittlung von Inhalten zu gestalten und am Nachmittag jeweils etwas Praktisches zu machen. Das kann ein Rundgang durch den gesamten Betrieb sein, das Personalhaus, dazugehörige Grünanlagen oder Lagerräume, so dass die Azubis gefühlt einmal den Gesamtüberblick haben. Am zweiten Tag kann es auch schon das Reinschnuppern in eine Abteilung sein.

 Einen *Zwei-Tagesplan-Kick-off* finden Sie als Download auf: *www.eulzer-und-puetter.rocks*

Säule 2: Schulungsplan

Ein absolutes Must-have! In der Praxis löst das Thema regelmäßige Schulungen oft ein Dilemma aus: Erst sind sich alle einig, dass Azubis regelmäßig richtig geschult werden. Wenn der Termin dann näher rückt, ist plötzlich der Azubi unentbehrlich. Dadurch wird der Schulungstermin dann immer wieder verschoben. Hier hilft nur eins: Klare Ansage vom Chef! Auf der anderen Seite haben wir manchmal Azubis, die die Schulungen nicht ernst nehmen. Auch hier gilt: Schulungen sind Pflicht und gelten als Arbeitszeit, Punkt.

Die Schulungsinhalte sollten folgende Themenbereiche abdecken:
• Fachschulungen, Soft-Skill-Schulungen
• Persönlichkeitsentwicklung, Qualitätsmanagement
• gesetzliche Schulungen
• Prüfungsvorbereitung, Vorbereitung auf Wettbewerbe

Der Schulungsplan sollte für alle gut sichtbar am schwarzen Brett aushängen und im Intranet stehen.

Training on the Job

Hierzu zählen kurze Schulungsinputs von circa zwanzig bis dreißig Minuten während des normalen Ablaufs zu einem Thema aus dem operativen Tagesgeschäft. Der Vorteil: ist auch zu Saisonzeiten umsetzbar, wo eine normale Schulung von eine bis eineinhalb Stunden schlicht undenkbar ist. Thema, Datum und Dauer des Trainings-Inputs werden danach kurz in einem Formular festgehalten, Ausbilder und Azubi unterschreiben.

Was ist die Wirkung? Der Ausbilder geht intensiver auf ein Thema ein, wenn er bewusst ein Training on the Job macht, als wenn der Azubi nebenher mitläuft. Der Azubi nimmt eine professionelle Anleitung und Betreuung in einer kompakten Einheit von zwanzig bis dreißig Minuten als Schulungsinput wahr. Man kann dem Maulen »hier wird nichts für Azubis gemacht« konstruktiv entgegenwirken, auch wenn man keine großen Schulungen hinbekommt.

Das Ausbilderteam sollte sich vorab auf die Regeln einigen. Manche Teams legen fest, wie viele Inputs jeder Azubi bekommen sollte, zum Beispiel »Jeder zwei bis drei Trainings on the Job im Monat«. Auf jeden Fall sollte aber das Formular geklärt werden.

Ein Musterformular *Training on the Job* finden Sie als Download auf:  *www.eulzer-und-puetter.rocks*

Säule 3: Azubi-Wettbewerb
Motivationsbooster und gleichzeitig wertvolles Feedback-Tool! Sobald Sie ein größeres Azubi-Team ab circa zehn Azubis haben, bringt ein Azubi-Wettbewerb Salz in die Suppe! Selbstverständlich muss ein solides Bewertungsinstrument dahinter stehen. Auch vollständige Transparenz zu Bewertungskriterien und Rahmenbedingungen ist Voraussetzung für den Erfolg. Deshalb muss es hier eine gute Vorbereitung und Kommunikation durch das Ausbilderteam geben.

Zuallererst wird gemeinsam ein Fragebogen zu Leistung, Verhalten und Motivation erstellt. Wir empfehlen zehn Fragen, bei denen jeweils maximal zehn Punkte erreicht werden können. So sind also hundert Punkte pro Monat möglich. Nach drei oder sechs Monaten erfolgt die Auswertung, der Azubi mit der höchsten Punktzahl gewinnt. Ein wichtiges Entscheidungskriterium, ob Ihr Wettbewerb jeweils drei oder sechs Monate laufen soll, ist das Thema Berufsschule. Haben Ihre Azubis Blockschule, sind also zwischendurch abwechselnd sechs Wochen nicht da, macht es Sinn, alle sechs Monate auszuwerten. Dann haben Sie zwei Gewinner, sprich Preise pro Jahr, dass lässt sich unternehmerisch gut verkraften!

Systematisches Feedback

Wir wissen, dass für die Azubis der neuen Generationen permanentes Feedback ein Grundbedürfnis ist. Es ist also elementar, dass wir ein regelmäßiges und systematisches Feedbackgespräch mit dem Azubi sicherstellen. So kann es nicht passieren, dass der Azubi uns im Trubel des Alltags doch durchrutscht. Wird dafür ein einheitlicher Fragebogen verwendet, stellen wir die Qualität des Gespräches schon zum großen Teil sicher, egal ob es der Küchenchef oder die Hausdame führt. Das Feedback muss derjenige geben, in dessen Abteilung der Azubi in diesem Monat gearbeitet hat. Das heißt, hier müssen die Abteilungsleiter dem Ausbilderteam zuarbeiten.

 Einen *Leitfaden Feedbackgespräch* finden Sie als Download auf: *www.eulzer-und-puetter.rocks*

Azubi-Treffen

Einmal im Quartal sollte es ein Azubi-Treffen geben. Hier werden vom Ausbilderteam alle relevanten Infos zu Unternehmensthemen, die zum Beispiel im wöchentlichen AL-Meeting besprochen wurden, an die Azubis weitergegeben und besprochen. Auch neue Marketing-Aktionen werden vorgestellt oder Änderungen in den Q-Standards. Dann gibt es immer eine Sequenz »Bestandsanalyse«: Was läuft gerade gut? Was läuft gerade gar nicht gut? Wo braucht ihr Unterstützung? Daraufhin werden gemeinsam Lösungen entwickelt beziehungsweise das Ausbilderteam kümmert sich, dass alles Beschlossene auch umgesetzt wird.

Säule 4: Azubi-Events

Wichtig für das Teamfeeling: ein Azubi-Event oder -Ausflug pro Jahr! Hier können die Azubis super gut selbst Ideen einbringen, was sie gern machen wollen und natürlich mitorganisieren. Die Leitung der Ideensammlung und der Tagesorganisation kann zum Beispiel eine Aufgabe des Azubisprechers sein. Der Event kann auch Anlass sein, neue touristische Angebote aus der Umgebung zu testen, damit man diese bei Gästen auch gut beraten kann. Sinn machen auch Besuche bei Lieferanten oder Erzeugerbetrieben, das bringt immer beides: Spaß und Dazulernen!

Ideen, die allen Spaß gemacht haben:

- eine Wanderung auf einem spektakulären Wanderweg der Region und Einkehr
- Winter-Ausflug mit Wanderung auf eine Bergalm, Fahrt mit dem Pistenbully und gemeinsames Runter-Rodeln
- ein gemeinsamer Tag im Europapark Rust beziehungsweise Phantasialand Brühl
- gemeinsame Kanu-Tour

Azubi-Gala

Eine Möglichkeit ist natürlich auch, dass die Azubis ihr Handwerk und ihr Können präsentieren und zu diesem Event ihre Eltern und Geschwister einladen dürfen. Natürlich macht es da auch Sinn, alle Offiziellen einzuladen und Ihr Ausbildungskonzept vorzustellen. Es ist wichtig, dass Sie für Ihr Rekruiting ein starkes Netzwerk aufbauen, dazu sollten gehören: die Berufsberater aus Ihrem Arbeitsamt, Kooperationspartner wie IHK, Tourist Information, DEHOGA, Winzer- oder Köcheverband und natürlich die Berufsschule, also die Berufsschullehrer Ihrer Azubis. Sie alle sind wichtige Partner im Bereich Ausbildung und Multiplikatoren für Sie als Arbeitgeber.

Natürlich wird es nur ein Erfolg, wenn wir realistisch rangehen. Dass die Azubis den ganzen Abend selbstständig organisieren – von Wareneinkauf, über das Kochen des Menüs bis zum perfekten Weinservice, ist aus unserer Sicht eine Marketinggeschichte. Wenn das Format »Azubi-Gala« über Jahre in Ihrem Unternehmen bestehen soll, muss es im operativen Geschäft wie eine normale Veranstaltung mitlaufen. Also gilt: Alle Mitarbeiter machen ihren Job und die Azubis präsentieren am Gast. Es geht darum, dass die Azubis im Rampenlicht stehen, Anerkennung erhalten und zeigen, was sie in ihrer Ausbildung schon gelernt haben. Damit es ein bisschen mehr Glamour bekommt und Show-Effekte entstehen, eignen sich Front-Cooking-Elemente hervorragend. Eine Azubi-Gala ist eine Riesenchance auf Presseberichte und die Darstellung Ihrer Aktionen! Da hier auch Interviews mit Azubis, Ausbildern oder Eltern sowie tolle Fotos gemacht werden können, ist die Presse da offen eingestellt. Nutzen Sie das Format, um auch Ihren Betrieb nach außen attraktiv darzustellen, ganz nach dem Motto:»Tue Gutes und lass andere darüber reden!«

Säule 5: Azubi-Projekte

Jetzt fängt es an, richtig Spaß zu machen! Denn durch eigene Azubi-Projekte entsteht auch wirklich etwas ganz Neues. Natürlich brauchen die Azubis dabei Anleitung und Begleitung. Für jedes Azubi-Projekt sollte es einen Betreuer geben. Wir empfehlen, Azubi-Projekte von Anfang an zeitlich zu begrenzen. Es ist ganz normal, dass die anfängliche Begeisterung abflacht, sobald es anstrengend wird. Da muss man immer mal wieder etwas anschieben, damit das Projekt über die Ziel-Linie gebracht wird. Ist es aber ein dauerhaftes Projekt, ist das schwierig. Sie müssen die Motivation dafür kontinuierlich aufrechterhalten. Dann müssten Sie Azubis, die gehen, durch neue ersetzen. Damit macht man es sich unnötig schwer. Hier einige Projekte, die Motivation und Stolz erzeugt haben:

Knusperhaus: Das gesamte Azubi-Team hat in mehreren Etappen ein Knusperhaus aus langlebigen Materialien gebastelt, das jedes Jahr im Restaurantbereich in der Vorweihnachtszeit als Deko-Objekt aufgestellt wird.

Thementorten: Hier werden saisonale Brunch-Büfetts angeboten. Im Azubiprojekt wird passend zum Thema des Büfetts eine Thementorte gestaltet. Ein Azubi war davon so begeistert, dass er einen eigenen Blog eröffnet hat, in dem er je Torte alle Arbeitsschritte inklusive Fotos darstellte. Daraufhin ist das Ausbilderteam mit den Azubis des Projektes zur Tortenmesse »Cake & Bake Germany« gefahren, Chapeau!

Instagram-Account: Die Azubis eines Mode-Unternehmens betreuen den Instagram-Account. Dazu präsentieren sie als Models jeweils selbst die neuen Trends, machen davon Fotos und posten das auf Instagram.

Bienen-Projekt: Das Unternehmen hat ein eigenes Bienenvolk und produziert Honig. Die Azubis erhalten regelmäßig Fachschulungen vom Imker und sind fleißig dabei das Bienenvolk zu pflegen, Honig zu schleudern und alle notwendigen Arbeitsschritte zu erlernen. Das Projekt ist natürlich eine Dauer-Quelle für Postings in Social Media – perfekt!

Säule 6: Externe Praktika

Ganz großes Kino: Azubis dürfen in tangierende Berufe hineinschnuppern! Das ist natürlich eine echte Sensation, denn das kriegen nicht viele Unternehmen organisatorisch hin. Gedacht ist es so: Der Azubi darf für drei oder mehr Tage in ein anderes Unternehmen und arbeitet dort aktiv mit. Für Köche ist ein Praktikum zum Beispiel beim Metzger oder Konditor sensationell. Sie lernen etwas, was Sie in Ihrem Unternehmen nie so bieten könnten. Am einfachsten ist es, mit seinen Lieferanten zu sprechen, die sind für so etwas meistens sehr offen! Vielleicht haben Sie noch andere Kooperationspartner, bei denen es spannend wäre, mal in echt dabei zu sein.

Säule 7: Aktives Rekruiting

Youtube, Facebook, Instagram und Co: Wenn wir die Generation erreichen wollen, die mit ihren mobilen Geräten verwachsen ist, müssen wir hier präsent sein. Wichtig ist einen Recruiting-Postplan für die einzelnen Kanäle aufzusetzen. Inhalte und Themen, die auf Ihre Homepage, in Social-Media und Ihren Ausbildungsflyer gehören, sind:

- Ansprechpartner für Bewerbungen
- alle Aktionen, die für Azubis angeboten werden wie Azubi-Ausflüge und Events
- Personalfeiern wie Sommerfest oder Weihnachtsfeiern
- Schulungsinhalte und Angebote
- Freizeitangebote, Vergünstigungen oder Personalrabatte für Azubis
- Darstellung der Azubi-Projekte

Berufsinfo-Messen mit Showfaktor

... sprießen mittlerweile wie Pilze aus dem Boden: Berufs-Info-Messen. Also, wählen Sie genau aus, auf welche Sie gehen! Achten Sie darauf, durch welche Aktionen sichergestellt wird, dass die richtigen Teilnehmer kommen. Wurden die Abschlussklassen von Realschulen und Gymnasien eingeladen? Ist es gar eine Pflichtveranstaltung, also stehen die Chancen sehr gut, dass wirklich Ihre Zielgruppe kommt? Wenn Sie das Gefühl haben, ja da kommen echt jede Menge relevante Schüler hin, dann inszenieren Sie einen coolen Stand. Überlegen Sie, wie Sie viele Besucher animieren können. Zeigen Sie Videos von Ihren Azubi-Events, Ihren Schulungen oder Bilder von Azubis in Aktion. Sie brauchen auf jeden Fall einen Flyer, der das Besondere in der Ausbildung in Ihrem Hause rüberbringt. Gehen Sie auch auf die Tage der offenen Tür an Gymnasien und Realschulen Ihrer Region und präsentieren Sie sich: Innovativ, erfrischend und neu! Lassen Sie einen Koch-Azubi in Berufskleidung inklusive Kochmütze durch die Besucher laufen und Häppchen verteilen. Inszenieren Sie zum Beispiel eine Bar oder eine Show-Cooking-Station und lassen Sie Besucher verkosten. Es braucht ein selbstbewusstes Auftreten der Branche! Der Spaß, den man beim Kochen oder beim Umgang mit Gästen haben kann, muss erlebbar werden für junge Menschen, die sich für die Branche entscheiden sollen!

Nehmen wir an, ich säe ein Bambus-Samenkorn im Mai. Danach gieße und pflege ich das Beet Woche für Woche, Monat für Monat. Im Mai des nächsten Jahres ist der kleine Bambus aufgegangen und man sieht seine ersten grünen Sprossen aus der Erde kommen. Wiederum gieße und pflege ich ihn Woche für Woche, Monat für Monat. Im Mai des übernächsten Jahres hat der Bambus eine stattliche Größe von 2,30 Meter erreicht.

Frage: Ist der Bambus in einem Jahr 2,30 Meter gewachsen oder in zwei Jahren?

IMPULS 21: DAS DUALE AUSBILDUNGSSYSTEM: EIN RELIKT DER VERGANGENHEIT?

Wenn man ein System verbessern will, muss man erst mal wissen, wie es funktioniert. Wer genau dazugehört, wer für was zuständig ist, wie Entscheidungen getroffen werden. Also, starten wir mit Schlüsselfrage eins: Wer sitzt am runden Tisch des Systems?

Der Bund

Ganz oben steht als Normgeber der Bund, der die verschiedenen Ausbildungsordnungen auf Grundlage des Berufsbildungsgesetzes und der Handwerkerordnung erlässt. In den Ausbildungsordnungen finden sich die Rahmenlehrpläne, von denen sich die Lehrpläne für die Berufsschulen ableiten, sowie die Ausbildungsrahmenpläne als Vorgabe für Ausbilder und Auszubildende in den Betrieben.

Inhaltliche Anpassungen und Modernisierungen werden meist auf Initiative von Fachverbänden, Arbeitgeber-Organisationen, Gewerkschaften und dem Bundesinstitut für Berufsbildung eingebracht. Unter Einbeziehung dieser Institutionen, des Bundes und der Länder wird dann in einem geregelten Verfahren entschieden.

Ein paar Fakten des Bundesministeriums für Bildung und Forschung
Durch dieses Verfahren sind in den letzten zwanzig Jahren 230 Ausbildungsberufe modernisiert und 82 neue entstanden, sodass es heute 349 unterschiedliche Ausbildungsberufe mit 1,6 Millionen Auszubildenden in Deutschland gibt. 65 Prozent aller Schüler beginnen eine Ausbildung, wobei 33 Prozent einen Hauptschulabschluss, 43 Prozent einen mittleren Abschluss und 21 Prozent Abitur haben.

Das Thema Jugendarbeitslosigkeit wird im Zusammenhang mit der dualen Ausbildung immer wieder als einer der Schlüsselfaktoren (DIE ZEIT 2015) genannt.

In den Ländern, in denen es die Duale Ausbildung gibt (Deutschland, Schweiz, Österreich) ist die Jugendarbeitslosigkeit mit unter 10 Prozent seit Jahren in Europa am niedrigsten.

Laut offizieller EU-Statistik ist im Vergleich dazu in Europa jeder 5. Jugendliche unter 25 Jahren arbeitslos (22 Prozent), was einer Gesamtzahl von 5,1 Millionen entspricht. Gerade Süd- und Osteuropa sind von einer hohen Jugendarbeitslosigkeit betroffen. Spanien liegt bei 53,5 Prozent, Griechenland bei 49,8 Prozent und Italien bei 43,9 Prozent, aber auch Frankreich zählt mit 25,4 Prozent zu den Krisenregionen.

Angesichts dieser Zahlen erzeugt es doch ein Gefühl von Sicherheit, wenn man sich in diesem Zusammenhang mal die verbindliche Formulierung über den Sinn und Zweck der Ausbildung in Deutschland im Berufsbildungsgesetz anschaut: »Die Berufsausbildung hat die für die Ausübung einer qualifizierten beruflichen Tätigkeit in einer sich wandelnden Arbeitswelt notwendigen beruflichen Fertigkeiten, Kenntnisse und Fähigkeiten in einem geordneten Ausbildungsgang zu vermitteln. Sie hat ferner den Erwerb der erforderlichen Berufserfahrung zu ermöglichen.« (§ 1 Abs. 3 BBiG)

Die Länder
Die nächste Ebene sind die Bundesländer. Sie erlassen Lehrpläne für die Berufsschulen und finanzieren die Lehrkräfte sowie Gebäude und Ausstattung. Laut Grundgesetz ist die Bildungspolitik Sache der Bundesländer (Kulturhoheit). Dies hat dazu geführt, dass sich die Schulsysteme und die Qualität der Schulen in Deutschland zwischen den Bundesländern teilweise stark unterscheiden.

Pflicht oder Kür?
Frage des Tages: Wer engagiert sich mehr, als es die gesetzlichen Vorgaben, also die Pflicht, verlangt? Und was genau bieten die Beteiligten im Bereich der Kür?

Die Kammern
Die Aufgaben in Bezug auf die duale Ausbildung der IHKs und HWKs sind über das Berufsbildungsgesetz geregelt. Zu den Pflichten gehören:

• werben Ausbildungsplätze bei Unternehmen ein
• registrieren Ausbildungsverträge
• betreuen und beraten Unternehmen und Auszubildende
• fördern und qualifizieren Ausbilder und Prüfer
• stellen Eignung von Betrieben und Ausbildern fest
• schlichten bei Problemen
• organisieren Prüfungen und stellen Zeugnisse aus

Beispiele für Extra-Engagement im Berufsbildungsbereich der Kammern sind:
• Angebote zur Berufsorientierung
• Vermittlung von Bildungspartnerschaften zwischen Schulen und Betrieben

- Organisation von Ausbildungsmessen
- Organisation von Auslandsaufenthalten
- Angebote für Zusatzqualifikationen
- Angebote zur Prüfungsvorbereitung
- Vermittlung von Studienabbrechern und Flüchtlingen

Aus unserer Sicht sind vor allem die IHKs und HWKs der Garant für die Stabilität der dualen Ausbildung, da sie sehr nah an den Bedürfnissen der Betriebe dran sind und mit verschiedenen Aktionen auf die Erwartungen junger Menschen reagieren. Ein Beispiel dafür ist die IHK-Ausbildungskampagne *durchstarter.de*, die seit 2016 junge Menschen in der Welt abholt, in der sie gerne kommunizieren. Die IHK akquiriert auch eine neue, leistungsstarke Zielgruppe: die Studienabbrecher. Die durchschnittliche Abbruchquote liegt in Deutschland bei 28 Prozent. Diese potenziellen Nachwuchskräfte werden vor Ort an der Hochschule angesprochen, um Wege aufzuzeigen, wie unter Anrechnung des Studiums eine verkürzte Ausbildung möglich ist. Eine Leistung, die Unternehmen nie erbringen könnten. Ähnlich wie ein Projekt der IHK Trier: Sie bildet Auszubildende des zweiten und dritten Lehrjahres zu Ausbildungsbotschaftern aus. Geschult werden Moderations- und Präsentationstechniken sowie Kommunikation und Rhetorik. Diese Azubis stellen dann in allgemein- und berufsbildenden Schulen unter anderem anhand von Rollenspielen und praktischen Übungen ihren Ausbildungsberuf vor. Inzwischen wurden mehr als achtzig Auszubildende aus sechzehn Unternehmen der Region zu Ausbildungsbotschaftern ausgebildet. Dies wird mit einem IHK-Zertifikat gewürdigt. Aus unserer Sicht hat diese Institution ihren Auftrag in der Tiefe verstanden und brillant umgesetzt!

Die Arbeitsagenturen
Die verpflichtenden Aufgaben der Arbeitsagenturen sind im Sozialgesetzbuch definiert. Man kann hier vier Hauptfelder aufführen:

Berufsorientierung: Neben den Kammern informieren Arbeitsagenturen und Schulen über alle schulischen und betrieblichen Ausbildungsmöglichkeiten inklusive regionaler Besonderheiten.

Einzelberatung: Per Gesetz hat jeder das Recht auf Ausbildungsberatung. Allerdings ist dafür die »Freiwilligkeit des Individuums« Voraussetzung. Ergo: Jugendliche müssen von Schule und Elternhaus informiert und motiviert werden, die Beratung in Anspruch zu nehmen!

Ausbildungsvermittlung: Hier geht es um die Eignungs- und Neigungsfeststellung sowie das Matchen der freien Stellenangebote und dem Jugendlichen, der eine Ausbildungsstelle sucht.

Aktive (finanzielle) Förderung: Ein Beispiel für Förderung vor der Ausbildung ist die Übernahme der Bewerbungskosten für das Vorstellungsgespräch. Während der Ausbildung gibt es sogenannte ausbildungsbegleitende Hilfen wie zum Beispiel BAföG in der Ausbildung und Nachhilfeunterstützung für Sprachen und einzelne Schulfächer.

Gibt es Arbeitsagenturen, die mehr tun als ihre Pflicht?

Behörde und Kür, zwei Wörter, die beim ersten Hören eher nicht zusammen passen? Allgemein könnte man sagen, dass die Kür der Arbeitsagenturen daran messbar wäre, wie gut die Beteiligten im Netzwerk zusammenarbeiten. Die Messlatte ist also: gelebte Kooperation. Wie arbeiten die lokalen Handwerkskammern, die IHKs, die Unternehmen und die Schulen zusammen? Gibt es gemeinsam organisierte Ausbildungsmessen oder schmort jeder in seinem eigenen Saft?

Ein Glanz-Beispiel von Extra-Engagement ist die Ausbildungsmesse in Kaiserslautern. Unter dem Motto »Mit Doppelpass zum Ausbildungsplatz« findet diese regionale Ausbildungsmesse in der Fanhalle des Fritz-Walter Stadions auf dem Betzenberg statt. Neben vielen Unternehmen, die sich dort als Ausbildungsbetrieb präsentieren, werden hier Workshops, kostenlose Bewerbungsfotos und Bewerbungsmappen-Checks angeboten. Es versteht sich von selbst, dass eine Autogrammstunde mit den Spielern des 1. FCK in die Messe integriert ist. Chapeau!

Schulen

Es gehört zur Pflicht der Grundschulen über die verschiedenen Schul- und Bildungsformen zu informieren. Die weiterführenden Schulen sollten dann Angebote zur Berufs- und Studienorientierung in der 8. oder 9. Klasse, Berufsorientierungsprojekte und Betriebspraktika organisieren. Beispiele, die Land und Schulen in Richtung Kür unternehmen, sind:

- Girl's Day: Mädchen lernen Berufe kennen, in denen nur wenige Frauen eine Ausbildung machen oder arbeiten. Bundesweiter Berufsorientierungstag für Mädchen ab der 5. Klasse.
- Praxistage: Schüler von Haupt- und Sonderschulen gehen für mindestens ein Schuljahr einen Tag pro Woche in ein Unternehmen und arbeiten dort mit.
- Betriebsbesichtigungen von Schulklassen
- Berufsorientierungsmessen
- Tag der offenen Tür in Gymnasien und Schulen, an dem Unternehmen in Schulen eingeladen werden

Immer öfter werden in den Schulen alle Aktivitäten für die Berufsorientierung in sogenannten BO-Fahrplänen übersichtlich von der 7. bis 10. Klasse aufgeführt, damit sich Eltern und Schüler strategisch mit dem Thema auseinandersetzen können.

Berufsschulen

Hier gilt wohl mehr als bei allen anderen Beteiligten die Maxime: mehr miteinander reden, als übereinander. Regelmäßige Treffen und Austausch von Betrieben und Schulen sind hier oft der einzige Hebel, um mit den strukturellen Problemen konstruktiv umzugehen.

Eltern

Eine Studie, die im Jahre 2014 im Auftrag von Vodafone durchgeführt wurde, befragte die Schüler der letzten drei Klassen von allgemeinbildenden, weiterführenden Schulen zum Thema Berufswahl. Das Ergebnis war, dass an der Spitze der persönlichen Ziele, noch vor »gutem Einkommen«, einem »sicheren Arbeitsplatz« und »das Leben genießen« steht, »einen interessanten Beruf finden, der Spaß macht«! Die Studie ergab ebenfalls, dass sich rund ein Drittel der Schüler nicht ausreichend über die Möglichkeiten, die sie nach der Schule haben, informiert fühlt. Die Eltern nehmen eine zentrale Rolle in der Berufsorientierung ihrer Kinder ein und dienen laut Studie auch als wichtigste Informationsquelle.

Was können Sie als Unternehmer tun?

* Fragen Sie bei Ihrer IHK oder HWK nach, ob eine Ausbildungsmesse in Ihrer Region angeboten wird und nehmen Sie teil!
* Fragen Sie bei Ihrer IHK oder HWK nach, ob und wie eine Betriebsbesichtigung bei Ihnen möglich ist und wie genau eine Kooperation aussehen kann, in der diese regelmäßig an Sie vermittelt werden!
* Recherchieren Sie die Schulen Ihrer Region und fragen Sie nach, ob diese einen Tag der offenen Tür anbieten und nehmen Sie daran teil!
* Fragen Sie in den für Sie interessanten Schulen nach, in welcher Form diese Praktika anbieten und wie eine Kooperation aussehen könnte, bei der regelmäßig Schüler für Praktika an Sie vermittelt werden!
* Fragen Sie auch nach, welcher Lehrer gerade die Abgangsklasse unterrichtet, fragen Sie diesen, wie Sie gemeinsam eine Betriebsbesichtigung möglich machen können!
* Entwickeln Sie einen Ausbildungsflyer, in dem Sie sich als attraktiver Arbeitgeber positionieren und die Mehrwerte Ihrer Ausbildung gut rüberkommen und lassen Sie diesen Flyer in den relevanten Schulen auslegen!

Und das Wichtigste: Lassen Sie sich die gute Ausbildungsqualität Ihres Unternehmens zertifizieren und platzieren Sie das Gütesiegel auf Ihrer Homepage, auf allen Prospekten und posten Sie es in Kombi mit Praxis-Beispielen in

Social-Media! Denn es sollte auf den ersten Blick erkennbar sein, dass Sie ein guter Ausbildungsbetrieb sind. Nur so grenzen Sie sich erfolgreich von Mitbewerbern ab.

Gütesiegel Ausbildungsqualität

Die Gütesiegel bieten besonders jungen Auszubildenden eine entscheidende Orientierungshilfe und geben Eltern die Sicherheit, dass ihre Kinder vorbildlich ausgebildet werden! Einige Beispiele:

Ausgezeichneter Ausbildungsbetrieb
* zertifiziert von: Industrie- und Handelskammern
* branchenübergreifendes Gütesiegel für betriebliche Ausbildungsqualität
* Fragen Sie Ihre IHK!

Best place to learn (www.bestplacetolearn.de)
* zertifiziert von: Aubi Plus GmbH
* branchenübergreifendes Gütesiegel für betriebliche Ausbildungsqualität

TÜV geprüfte Ausbildungsqualität (www.proficert.de)
* zertifiziert von: TÜV Hessen
* geprüfte Ausbildungsqualität basiert auf Grundelementen aus der Qualitätsmanagement-Norm DIN EN ISO 9001

Exzellente Ausbildung in der Hotellerie (www.exzellente-ausbildung.de)
* zertifiziert von: Hoteldirektorenvereinigung e.V. und DEKRA
* Gütesiegel für exzellente Ausbildungsqualität in der Hotellerie und Gastronomie

5.

BLICK IN DIE ZUKUNFT: SPIRIT UND INTEGRALER ERFOLG!

»Ein Unternehmen ohne Seele und Spirit zu führen, ist möglich und kann rein wirtschaftlich betrachtet auch erfolgreich sein – es macht aber keinen Sinn.«
Pü

Viele Menschen befinden sich im Zustand der Betäubung durch tägliche Arbeit und die Hektik des Alltags. Immer mehr spüren dabei allerdings Unbehagen und innere Leere – die entsteht, wenn man keine Resonanz mehr zu seinen Aufgaben oder zu dem Unternehmen hat, in dem man arbeitet. Und das trotz wirtschaftlichem Erfolg und materiellem Wohlstand. Insgeheim wünschen sich viele, in einem Unternehmen arbeiten zu können, in dem sie ihre Talente, Leidenschaften und Werte leben können. In dem sie Teil von etwas Bedeutsamem sind und ihr Handeln Sinn macht.

Es ist an der Zeit, dass wir Erfolg ganz neu denken. Viel größer und facettenreicher als bisher. Und dass wir unsere Motivationen, die hinter allem Handeln stecken, wandeln. Denn wenn wir aus höheren Motiven handeln, können wir den Erfolg unseres Unternehmens erweitern: um soziales und spirituelles Kapital! Und damit erschaffen wir gleichzeitig ganz neue Möglichkeiten, dass Menschen Ihre Talente und Stärken in unser Unternehmen einbringen können und Ihr Beitrag sinnvoll ist. Und wir handeln wieder für eine höhere Sache – wir alle sind Teil des großen Ganzen!

IMPULS 21 1/2: NEUE TEMPELRITTER: MACHEN SIE MIT IHREM UNTERNEHMEN EINEN UNTERSCHIED!

Es ist nicht alles prima, in der modernen Arbeitswelt. Der Wohlstand ist heute ungleicher verteilt. Belastende Arbeitsbedingungen wie ständiger Leistungsdruck, Unsicherheit des Arbeitsplatzes, andauernde Überlastung und dauerhafter Stress führen zu einer Zunahme psychischer Erkrankungen. Burn-out, Depression oder Tinnitus drohen zu Volkskrankheiten am Arbeitsplatz zu werden. Immer mehr Menschen suchen in ihrem täglichen Tun nach einem Sinn, sie möchten etwas bewirken. Sie möchten, dass ihr Handeln bedeutsam ist. Sie leiden unter der emotionalen und spirituellen Leere, die rein quantitativ ausgerichtete Zielvereinbarungen, verordnete Leitbilder oder Routineaufgaben hinterlassen. Es fehlt ihnen an einem höheren Ziel und an dem Gefühl wichtiger Teil einer großen Sache zu sein.

Gleichzeitig stoßen wir mit dem Prinzip des Kapitalismus »Wachstum um des Wachstums willen« auch ökologisch immer mehr an Grenzen. Trotz aller Anstrengungen, das Leben in der Komfortzone von Umweltschäden abzukoppeln, wird unser Lebensstandard immer verantwortungsloser. Und im Wettlauf um die größte Rendite wird die Zerstörung unserer Umwelt hingenommen, wird das radikale Ausnutzen aller Ressourcen und die Verschmutzung unserer eigenen lebensnotwendigen Energiequellen immer weiter vorangetrieben.

Der Philosoph Karl Marx hatte dem Kapitalismus schon vor 150 Jahren die Blüte in der Globalisierung und seine darauffolgende Selbstzerstörung prognostiziert. Marx zeigte schon damals das Dilemma auf, in dem sich der Kapitalismus nun aktuell befindet: Einerseits ist er ein Wachstumsmotor, andererseits verschärft er Verteilungskonflikte. Danah Zohar (2010) spricht von einem »Monster, das sich selbst verschlingt«.

Das eindimensionale Streben nach materiellem Wohlstand hat zu Wirtschaftspraktiken geführt, die Nachhaltigkeit ausschließen.

Dazu braucht man nur einmal das Verhalten von CEOs börsennotierter Unternehmen beobachten: Ihre Aufgabe ist es, die Interessen der Aktionäre zufriedenzustellen. Also streuen sie kurz vor Präsentation der Zahlen Informationen, die die Kurse hoch treiben oder schließen Deals ab, durch die die Zahlen kurzfristig attraktiv wirken, egal welche langfristigen Konsequenzen diese dann haben. Und bis dahin ist dann meist sowieso ein anderer in der Verantwortung. Und wenn das nun alle so machen? Wenn nun das Verhalten aller Unternehmer vom Erfüllen kurzfristiger Eigeninteressen geprägt ist, wohin wird das führen? Um das Vorauszusehen, brauchen wir keinen Harvard-Abschluss, keinen MBA und auch keine Studie, wir brauchen lediglich eins und eins zusammenzählen: Wir werden Scheitern. Denn es ist eine Binsenweisheit, das das Leben auf der Erde und der Wohlstand des Menschen auf einer funktionierenden Umwelt beruht.

Wenn wir uns also weiterhin verhalten wie bisher, droht uns wohl ein ähnliches Ende wie Gollum: Wir werden gemeinsam mit unserem Schatz (materielle Güter) im Feuer des Schicksalsbergs (zunehmende Umweltkatastrophen, Ressourcen-, Verteilungs- und Glaubenskonflikte) untergehen.

Was wir brauchen, ist ein radikales Umdenken: Wir müssen die Kriterien, die den Erfolg eines Unternehmens darstellen, ganz neu definieren. Wir müssen die Werte des Kapitalismus erweitern und ihn transformieren. Wir brauchen eine neue Wirtschaftsphilosophie, die in unseren Unternehmen eine sinnerfüllte und begeisternde Kultur erzeugt. Und die Erfolg neu definiert: Und zwar anhand der wirtschaftlichen Kennzahlen und des sozialen und spirituellen Kapitals, das ein Unternehmen erwirtschaftet hat.

Wir brauchen Führungskräfte die bereit sind, eine große Mission zu erfüllen: die Transformation zu einem zukunftsfähigen Kapitalismus voranzutreiben.

Das sind die Tempelritter unserer Zeit: dienende Führungskräfte, die ihre ganze Kraft dazu einsetzen, Unternehmen eine Seele und eine Vision zu geben, Menschen in ihrer Entwicklung zu fördern und soziales und spirituelles Kapital in Unternehmen zu erschaffen.

Neue Tempelritter 1: Die dienende Führungskraft

Danah Zohar prägt in ihrem bahnbrechenden Buch *IQ? EQ? SQ! Spirituelle Intelligenz – das unentdeckte Potenzial* den Begriff der »Neuen Tempelritter«. Sie ließ sich dabei von den Tempelrittern des frühen Mittelalters inspirieren, die im Gegensatz zu weltlichen Rittern nicht für Geld und Ruhm in den Kampf zogen, sondern für ein höheres Ziel, eine heilige Verpflichtung. Sie verbanden die Ideale des adligen Rittertums mit den spirituellen Werten des Mönchtums. Sie waren hervorragende Krieger, handelten aber aus spiritueller Hingabe und für die Erfüllung ihrer Vision der Wiederherstellung und Schaffung einer bestmöglichen Welt.

Die Tempelritter unserer Zeit sind Führungskräfte, die einem höheren Ziel dienen: der Verwirklichung der ganzheitlich gedachten Vision und Ziele ihres Unternehmens. Sie sind es, die der Organisation Spirit einhauchen, den Mitarbeitern Werte vermitteln und allem Tun einen Sinn geben. Sie sind es, die es schaffen, das Beste in jedem Mitarbeiter zu erkennen und zu fördern. Es geht ihnen nicht um persönliche Bestätigung, sondern darum, das Bewusstsein der Menschen in ihrem Unternehmen zu erweitern. Sie tragen wie selbstverständlich eine höhere Verantwortlichkeit, denn sie handeln aus einem Gefühl der Bestimmung heraus. Durch ihre kreative Intelligenz erschaffen sie neue Möglichkeiten oder machen das Neue für die anderen vorstellbar. Sie inspirieren Menschen dazu, ihr Verhalten zu ändern oder eröffnen Wege, dass diese ihre Stärken und Talente leben können.

JEDER MENSCH SOLLTE
SEIN LEBEN SO LEBEN,
DASS ES DIE WELT ZUM
POSITIVEN VERÄNDERT.

DANAH ZOHAR

Dienende Führungskräfte nutzen die Qualitäten verschiedener Intelligenzen. Neben der rationalen Intelligenz, dem analytisch-strategischen Denken, haben sie gleichzeitig auch eine hohe emotionale Intelligenz: Sie besitzen die Fähigkeit, die eigenen Gefühle und die anderer Menschen zu erkennen und als Information zum Denken, Handeln und Problemlösen zu nutzen. Ihre spirituelle Intelligenz hilft ihnen das große Ganze wahrzunehmen, höhere Ziele zu setzen und Sinn zu vermitteln. Sie inspirieren zu Antworten auf Fragen wie:

• Wozu sind wir als Unternehmen da?
• Was ist der Sinn und Zweck unseres Unternehmens?
• Was ist unser Beitrag zum Allgemeinwohl und für die Gesellschaft?
• Welches Vermächtnis möchten wir hinterlassen?

Dienende Führungskräfte müssen immer auch mit Macht umgehen. Aber sie tun das mit Respekt und Demut. Sie wertschätzen die Talente und Erfolge anderer und dies eröffnet ihnen die Möglichkeit, aus den Erfahrungen anderer zu lernen. Sie nehmen sich auch als Führungskraft nicht viel mehr Privilegien heraus, als andere Mitarbeiter haben. Regeln der Organisation gelten auch für sie und werden nicht gebrochen, wenn es zum eigenen Vorteil ist. Sie geben Mitarbeitern die Möglichkeit, ihre Ideen oder Themen zu erklären und hören dabei auch wirklich zu. Sie geben Verantwortung ab, sobald ein Mitarbeiter diese erfüllen kann und widmen sich lieber dem nächsten Problem, um es in die erfolgreiche Bearbeitung zu bringen.

Dienende Führungskräfte sehen es als ihre Mission, eine Unternehmenskultur zu erschaffen, die Sinn bietet, in der sich Mitarbeiter entwickeln und wachsen können: Inspirationen dazu finden Sie in Impuls 1 bis 7 und 12 bis 14!

Neue Tempelritter 2: Im Fokus steht der Integrale Erfolg
Bisher wird der Erfolg des Unternehmens recht eindimensional betrachtet. Der EBIT bezeichnet zum Beispiel den um Zinsen und Steuern bereinigten Jahresüberschuss beziehungsweise -Fehlbetrag. Dabei werden Kennzahlen wie »Personalaufwand«, »Materialaufwand« oder das »Anlagevermögen« heran-

gezogen. Doch woran erkennt man die Wertekultur und Qualität der sozialen Kompetenzen, von denen in Krisenzeiten die Wertschöpfung des Unternehmens abhängt? Welche Zahl stellt dar, ob das Unternehmen eine Vision und Alleinstellungsmerkmale hat, die es tatsächlich von Wettbewerbern abhebt und zukunftsfähig macht? Wir nehmen es als selbstverständlich hin, dass Mitarbeiter in Bilanzen als Kosten ausgewiesen werden und alles Materielle als Vermögen. Wo in der Bilanz wird die Kreativität, die Innovationskraft, der Mut des Unternehmers oder die erbrachte Servicequalität von Mitarbeitern erfasst? Die Bewertung eines Unternehmens letztendlich auf zwei, drei wirtschaftliche Kennzahlen zu reduzieren, ist im Grunde irreführend. Sind Bankgespräche eigentlich deshalb bei vielen Herzblut-Unternehmern so negativ besetzt?

Wir müssen weg vom isolierten BWL-Denken und hin zu einem lebendigen Verständnis von Kapital, zu einem neuen Verständnis von Wertschöpfung! Siglinda Oppelt bringt es in ihrem Modell »Integraler Erfolg« (Oppelt 2011) auf den Punkt: Der ökonomische Erfolg eines Unternehmens setzt sich demnach aus dem »wirtschaftlichem Erfolg«, dem »Erfolg für den Menschen« und dem »Erfolg für die Natur und die Gesellschaft« zusammen.

Integraler Erfolg

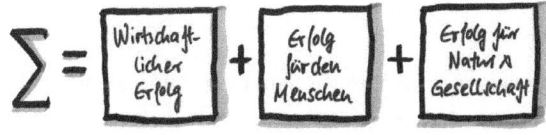

Es geht darum, neben den klassischen Bewertungskennzahlen in Zukunft weitere Kriterien für den Unternehmenserfolg hinzuziehen. Nur dadurch haben wir sie als Ziel auch täglich in unserem Bewusstsein und ihre Umsetzung auf der To-do-Liste des Unternehmers. Erweitern Sie Ihre Unternehmeraufgaben und Verantwortungen um die Indikatoren des integralen Erfolgs:

Planen und gestalten Sie integralen Erfolg, wird er sich einstellen!

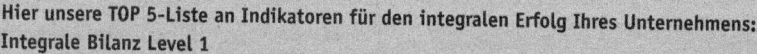

Hier unsere TOP 5-Liste an Indikatoren für den integralen Erfolg Ihres Unternehmens:
Integrale Bilanz Level 1

Wirtschaftlicher Erfolg	Erfolg für den Menschen	Erfolg für Umwelt und Gesellschaft
Ziel: Erwirtschaften von materiellem Kapital	**Ziel:** Erwirtschaften von sozialem und spirituellem Kapital	**Ziel:** Erwirtschaften von sozialem und spirituellem Kapital
Gewinn, Umsätze pro Geschäftsfeld	Unternehmensvision und Werte; Leitbilder und Mitarbeiter-Benefits	CO_2-Verbrauch, Klimaneutralität; Ressourcenverbrauch gesamt
Kostendeckung	Mitarbeiterzufriedenheit, Fokus Teamwork und Soft Skills	Anteil Umweltbelastung; Entsorgungsmanagement
Liquidität	Betriebszugehörigkeit; Fluktuationsquote und Krankenstand	Energiekosten gesamt; Anteil erneuerbarer Energien
Eigenkapitalquote	Personalentwicklung, Motivations- und Weiterbildungsprogramme	Regionale Produkte; Kooperationen in der Region
Kundenzufriedenheit	Kontinuierlicher Verbesserungsprozess; Prozesseffizienz	CSR und soziale Projekte; Netzwerk und Partnerschaften

Neue Tempelritter 3: Die Motivation von Menschen anheben

Das Verhalten von Menschen wird von der Motivation bestimmt, die dahinter steckt. Wollen wir Verhalten ändern, müssen wir also die Motivation ändern, die der Antrieb für dieses Verhalten ist. Dazu müssen wir uns zuallererst anschauen, woraus sich Motivation zusammensetzt: kurz gesagt, Motivation ist ein Mix aus Ideen und Zielen, die ein Mensch umsetzen will, aus Werten, die ihm wichtig sind und aus Emotionen, die er entweder hat oder gern haben will.

Motivationen bestimmen also unser Verhalten, aber auch unser Denken. Nehmen wir ein einfaches Beispiel: Stellen Sie sich vor, Sie sitzen in Ihrem Führungskräftemeeting und es geht um eine ziemlich heftige Kundenbeschwerde. Abteilungsleiter A ist wütend, denn er findet, dass die Beschwerde unberechtigt ist und der Kunde maßlos übertreibt. Abteilungsleiter B sieht es dagegen so, dass der Kunde mit seiner Beschwerde Recht hat und hier unbedingt eine Lösung gefunden werden muss. Da A von Wut motiviert ist, wird er ganz andere Ideen für die Entscheidungsfindung einbringen als B, der von Kooperation angetrieben wird. Während es A darum geht, die Schuldverhältnisse klar zu stellen und für Vergeltung zu sorgen, strebt B danach, zu einer sachlichen Analyse und zur Abwägung aller Handlungsalternativen zu kommen. B wird die anderen Führungskräfte und vielleicht sogar den Kunden als mögliche Partner betrachten und allein aus dieser Sichtweise heraus werden angemessene Strategien entstehen.

Jetzt können Sie sich abmühen und versuchen zwischen A und B zu schlichten. Sie können aber auch daran arbeiten, die Motivation von Abteilungsleiter A anzuheben. Ändert sich die Motivation von A wird sich auch sein Verhalten ändern!

»Die Veränderung der Motivation ist der einzige sichere Weg, um Verhalten zu verändern. Motivationen sind Ursachen; Verhaltensweisen sind Wirkungen.«

Danah Zohar

Was genau heißt Motivation anheben?
Dazu hilft uns die Anwendung der Motivationsskala von Ian Marshall (Zohar/ Marshall 2010), die von Maslows Bedürfnishierarchie abgeleitet ist und die die Differenzierungen von Motivationen anschaulich darstellt. Es gibt acht positive und acht negative Motivationen, die auf einem Spektrum von +8 bis −8 angeordnet sind.

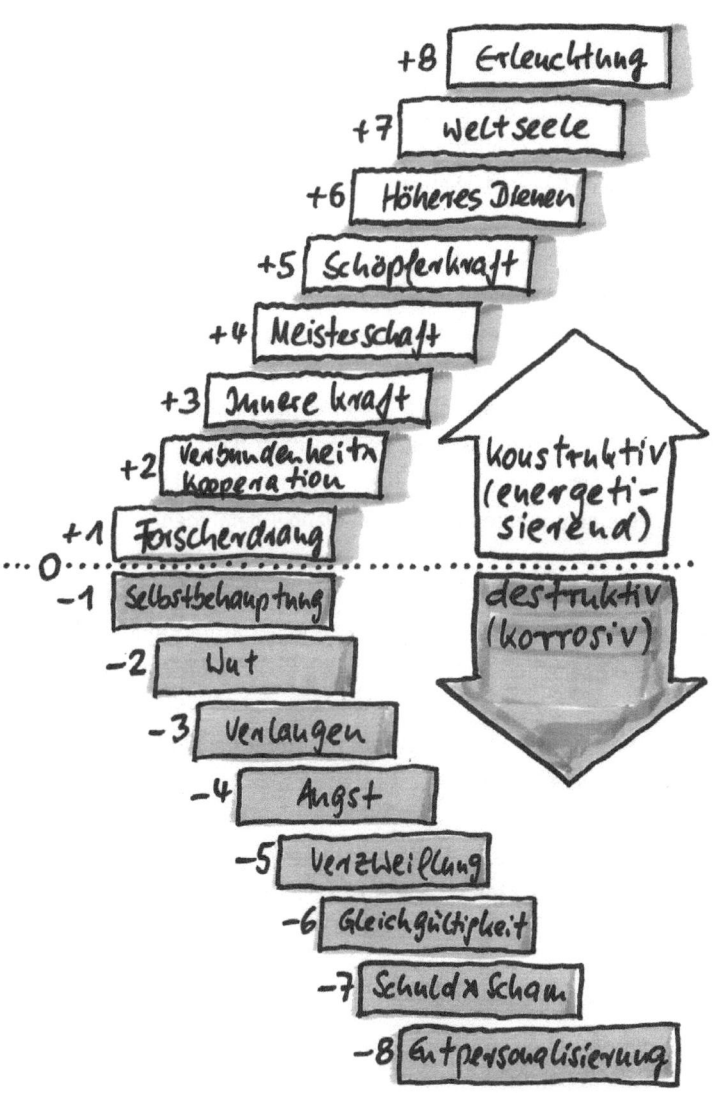

Unser Verhalten hat positivere Auswirkungen, je weiter wir auf der Skala nach oben gehen.

Es ist also besser, aus einem Motiv der Ebene +3 »Innere Kraft« heraus zu handeln, als aus -1 »Selbstbehauptung«. Aber es ist ebenso besser, von einem Motiv der Ebene -1 »Selbstbehauptung« angetrieben zu sein, als aus -4 »Angst«.

Immer wenn sich Menschen, Unternehmen oder Kulturen auf der oberen Hälfte der Motivationsskala bewegen, haben sie einen positiven Effekt auf andere und damit die Welt. Denn immer dann können sie Menschen, die sich auf tieferen Stufen bewegen, »nach oben ziehen«: In dem sie ihre Motivation transformieren und verändern. Sie können Menschen dazu inspirieren, ihre Ziele und die Werte, auf deren Basis sie handeln, zu ändern. Und damit können sie Menschen zu einem inneren Motivationswandel befähigen.

Die Position von 0 ist keine eigene Motivation. Laut Ian Marshall kann man sie betrachten wie den Leerlauf bei der Gangschaltung eines Autos: gelöst und startbereit, aber noch ohne festgelegte Richtung. Man kann praktisch morgens auf der neutralen Ebene erwachen und sich ganz normal fühlen. Strömen dann Erinnerungen, Bilder und Gefühle des Vortages ins Bewusstsein, kann sich daraus eine Motivation bilden.

Die Motivationen zwischen +4 und -4 sind die unter der arbeitenden Bevölkerung der Welt am meisten verbreiteten. Schauen wir uns diese also genauer an:

+1: Forscherdrang
Menschen mit dieser Motivation haben eine offene bereitwillige Haltung und stehen mit ihrer Umwelt in einem ständigen Dialog. Ihre Handlungsstrategien haben immer damit zu tun, Neues zu ergreifen und ihre Fähigkeiten, ihr Wissen oder ihren Einflussbereich zu erweitern. Sie empfinden jede Art von Erkenntnis als Erfüllung und sehen Probleme als Herausforderung, neue

Lösungen zu entwickeln. Menschen, die von Neugier und Forscherdrang angetrieben werden, fühlen sich von Innovationen und neuen Ideen angezogen und inspiriert.

– 1: Selbstbehauptung

Menschen, die aus –1 heraus handeln, streben nach Macht über andere, als Mittel, sich selbst stark oder wichtig zu fühlen. Sie verfügen über ein Übermaß an Stolz, Aggression und Machtwillen. Menschen, die sehr von sich eingenommen sind, gehen ständig über Grenzen und drängen der Umgebung ihren Willen auf. Durch ihr ungebremstes Konkurrenzdenken schüren sie oft unbewusst Konflikte. Ihre Einstellung gegenüber dem Lernen und dem Wissen ist manipulativ: Sie beharren auf dem, was sie schon wissen oder sie lernen nur, um ihre bisherige Position noch mehr zu stärken. Deshalb sind sie von sich aus nicht offen für das Lernen von Dingen, die nicht dem Erreichen ihrer Ziele dienen. Sie haben ein hohes Bedürfnis nach Status, ihr Selbstwertgefühl ist von anderen Menschen abhängig.

+ 2: Verbundenheit und Kooperation

Menschen mit diesem Motiv möchten mit anderen Menschen in Beziehung sein: Zusammenarbeit und Teamwork beflügeln und stärken sie. Dabei treibt sie ein starker Wille nach Kooperation und Einigung an. Sie möchten die Sichtweise anderer erkennen und können diese ganz selbstverständlich auch dann respektieren, wenn sie selbst anderer Meinung sind. Sie sind der soziale Klebstoff jeder Gruppe oder Organisation, ihr Ziel ist es immer wieder alle zusammenzuführen.

– 2: Wut

Wütende Menschen sind selten bereit zu kooperieren. Sie sind entweder kalt und distanziert und halten ihre Emotionen sorgfältig unter Kontrolle oder sie sind hitzig und lassen ihre Wut an ihrem Umfeld aus. Sie fühlen sich schlecht, geben aber jemand oder etwas anderem die Schuld dafür. Wütende Menschen lehnen Lösungen oder Helfer ab, sie suchen nach Beweisen, damit der Feind bestraft und besiegt werden kann. Die Grundlage fast jeder Wut ist

Frustration: eine Meinung die nicht gehört, ein Wert, der nicht anerkannt, Liebe oder Treue, die nicht erwidert wurde. Der Mensch fühlt sich verraten, ausgegrenzt oder abgelehnt. Als Strategie in der Wirtschaft führt Wut dazu, Wege zu finden, einen Konkurrenten zu besiegen, ihm Schaden zuzufügen oder ihn zu vernichten.

+3: Innere Kraft

Der einzige Mensch, über den jemand, der vom Motiv »Innere Kraft« motiviert ist, wirklich Macht ausüben will, ist er selbst. Menschen, die von dieser Kraft geleitet werden, ruhen in sich und sind mit sich selbst im Reinen. Sie wissen, wen und was sie lieben und wertschätzen. Sie handeln von dieser Ebene der Liebe und der Werte aus. Sie haben Integrität und sind vertrauenswürdig. Sie haben einen erkennbar persönlichen Stil und ein starkes Gefühl ihrer eigenen Identität. Sie handeln oft aus dem Gefühl der Verantwortlichkeit, der Loyalität, des Dienens und der Führerschaft, aber sie können auch »Nein« sagen, wenn sie anderer Meinung sind. Sie sind mehr selbst- als fremdbestimmt und unabhängig im Denken. Sie sind offen für Vielfalt und tolerant gegenüber den Werten anderer. Sie entwickeln Strategien, die unterschiedliche Meinungen zusammenbringen.

In einer Position in der sie Macht über andere haben, ist ihre Handlungsstrategie darauf ausgelegt, andere zu verstärken. Ihre Art und Weise ist dabei meist ruhig und kraftvoll.

−3: Verlangen

Verlangen manifestiert sich als ständige Ruhelosigkeit, als das Gefühl niemals genug und immer mehr haben zu müssen. Angetrieben durch ein Gefühl der inneren Leere benutzen solche Menschen ständig Handlungsstrategien des Ergreifens. Ihre Gier macht sie materialistisch, wenn es um Geld oder Dinge geht. Verlangen macht uns eifersüchtig, denn in allem was ein anderer besitzt, sehen wir etwas, das wir auch haben wollen. Verlangen ist die Grundlage für Süchte (Esssucht, Spielsucht, Alkoholismus). Die Strategien eines gierigen Menschen sind immer die eines Süchtigen: ein schneller Kick statt eines langfristigen Plans, sofortige Wirkung statt geduldigem Arbeiten und Planen, die Suche nach schnellem Genuss oder anhaltendem Wohlgefühl.

+4: Meisterschaft

Die Menschen, die die Ebene +3 Innere Kraft erreicht haben, sind zutiefst in ihren Werten zentriert. Wenn unsere Motivation jedoch Meisterschaft erreicht, sind wir zusätzlich auch in höheren Werten und Fähigkeiten verwurzelt. Eine Führungskraft der Meisterschaftsebene führt mit spielerischer Autorität und innerer Selbstsicherheit, verbunden mit einem Instinkt für gute Strategien und Entscheidungen. Das Verhalten und die Entscheidungen eines Meisters zeigen immer seine innere Disziplin und den Flow. Die Kontrolle seiner Stimmungen, oberflächlicher Wünsche und voreiliger Entscheidungen erreicht er durch die kontinuierliche Praxis einer Fähigkeit oder Kunst, aber auch durch Praktiken wie Meditation oder Gebet. Auf der Ebene der Meisterschaft sehen wir das größere Bild und sind mit dem gesamten Muster in Einklang, deshalb sind unsere Strategien komplexer und langfristiger.

−4: Angst

Angst wird natürlicherweise mit Furcht, Misstrauen, einem Gefühl der Bedrohung oder der Verwundbarkeit in Verbindung gebracht. Wer aus diesem Motiv handelt, versucht stets sich zu schützen oder zu verteidigen. Andere Menschen werden als Bedrohung oder Feind betrachtet. Auch neue Möglichkeiten oder Herausforderungen werden als bedrohlich empfunden. Man neigt dazu, sich zurückzuziehen und vermeidet es, Initiative zu übernehmen oder Aufmerksamkeit zu erregen. Aus dem Motiv Angst handeln Menschen immer reaktiv: mit Vermeidung, Rückzug oder Passivität. Da sie Konflikte vermeiden wollen, verbergen sie ihre wahren Emotionen oder Bedürfnisse. Wenn Führungskräfte in der Wirtschaft von Angst bestimmt werden, vermeiden sie das Risiko und verschließen sich jeder Art von Innovation.

»Alle Ebenen unterhalb Null wirken destruktiv auf das Leben von Individuen und Unternehmen. Alle Ebenen oberhalb Null sind konstruktive Ausdrucksformen der Macht.«

David Hawkins

Was können wir als Führungskraft tun?

Zuallererst kann man bei sich selbst ansetzen: Reflektieren Sie bei all Ihren Führungsimpulsen, sei es ein Meeting, ein Mitarbeitergespräch oder auch nur das Aufstellen einer neuen Regel, aus welcher Motivation heraus Sie handeln. Ordnen Sie sich gedanklich auf der Skala ein. Sobald es eine Aktion aus Motivationen der unteren Ebenen wäre: Ändern Sie Ihr Verhalten! Planen Sie die Aktion neu. Nehmen Sie sich einen Menschen als Sparringspartner dazu, von dem Sie wissen, dass er sich auf einer höheren Ebene befindet, als Sie gerade. Lassen Sie sich hoch ziehen!

Regen Sie sich nicht mehr über Mitarbeiter auf, die aus Motivationen unterhalb Null agieren. Es ist verschwendete Kraft. Nutzen Sie Ihre Energie lieber für ein Gespräch mit diesem Menschen. Hören Sie gut zu, was sein Thema ist, schaffen Sie Hindernisse aus dem Weg und versuchen Sie rauszufinden, was den Mitarbeiter interessiert und motiviert. Damit können Sie ihn über Null ziehen: Entweder in das Motiv + 1 »Forscherdrang«, weil Sie Neugier wecken oder in das Motiv + 2 »Kooperation«, dann ist das Thema für ihn selbst vielleicht nicht das spannendste, aber die Teamarbeit motiviert. Geben Sie Mitarbeitern bedeutsame Ziele und Aufgaben, geben Sie Ihnen eine Vision und echte Entwicklungschancen!

Achten Sie bei Vorstellungsgesprächen verstärkt darauf, aus welcher Motivation heraus ein Mensch handelt, was er für eine Persönlichkeit ist. Fachwissen kann man sich aneignen, Abiturnoten und schicke Zertifikat-Sammlungen sagen nicht aus, ob der Mensch eine Bereicherung für Ihr Team sein wird oder permanent alle nach unten zieht.

WENN GENÜGEND MENSCHEN SICH SELBST VERÄNDERN, KÖNNEN WIR DADURCH AUCH DIE WELT VERÄNDERN.

DANAH ZOHAR

Wir brauchen Menschen in Teams, die aus einer höheren Motivation heraus handeln. Diese müssen wir stärken, diesen müssen wir mehr Raum geben!

Leider erleben wir im täglichen Agieren von Politik und Wirtschaft ein Handeln aus den niederen Motiven der unteren Skala wie Gier, Wut und Selbstbehauptung. Oft hat man das Gefühl, dass wir in einer spirituellen Wüste leben, die von Oberflächlichkeit, Mangel an tieferem Sinn und fehlender tiefer Verbindlichkeit geprägt ist.

Machen Sie mit Ihrem Unternehmen einen Unterschied!

Handeln Sie gemeinsam mit uns als dienende Führungskraft und gehen Sie mutig voran.

Durch ihr tägliches Handeln und Wirken können Sie ein Zeichen setzen.

Sie und Ihr Unternehmen können die Veränderung leben, die Sie sich in der Welt wünschen!

Let's be the change we want to see!

EULZER & PÜTTER
agentur für unternehmensentwicklung
BERATUNG I COACHING I TRAINING I VORTRÄGE

FIRMENPHILOSOPHIE: ANZÜNDEN UND MACHEN!

Mit ihrer **Agentur für Unternehmensentwicklung** treffen Eulzer & Pütter aus Unternehmersicht voll ins Schwarze: Thomas Pütter **inspiriert** in seinen Vorträgen **zu neuem Denken** in der Unternehmens- und Mitarbeiterführung. Ines Eulzer **begleitet Führungskräfte und Teams** in Unternehmen dabei **neue Methoden umzusetzen** und so die Unternehmenskultur zu wandeln.

Keynote zum Buch: Mit Klartext-Garantie!
Der Vortrag zum Buch ist ein **Feuerwerk an pragmatischen Tools**, Best Practice-Beispielen und echtem **Handwerkszeug für Unternehmer und Führungskräfte.**

www.eulzer-und-puetter.rocks

LITERATURVERZEICHNIS

Die Akademie für Führungskräfte (2016): Führung im Umbruch. Akademie für Führungskräfte der Wirtschaft GmbH, Überlingen.

Blake, Robert R.; Mouton, Jane Srygley (1964): The Managerial Grid. The Key to Leadership Excellence. Gulf Publishing, Houston, USA.

Beckhard, Richard (1969): Organization Development. Strategies and Models. Addison-Wesley, Boston, USA.

Bruch, Heike; Fischer, Josef A. (2014): TOP JOB Trendstudie 2014. Institut für Führung und Personalmanagement der Universität St. Gallen, Schweiz.

Collins, Jim (2001): Good to Great. HarperBusiness, New York, USA.

Covey, Stephen R. (2006): Der 8. Weg. Mit Effektivität zu wahrer Größe. Gabal, Offenbach.

Covey, Stephen R. (2005): Der Weg zum Wesentlichen. Zeitmanagement der vierten Generation. campus, Frankfurt am Main.

Covey, Stephen R. (2005): 7 Wege zur Effektivität. 39. Auflage, Gabler, Wiesbaden.

Csikszentmihalyi, Mihaly (2008): Flow. Das Geheimnis des Glücks. Klett-Cotta, Stuttgart.

Fisher, Roger; Ury, William; Patton, Bruce (2013): Das Harvard-Konzept. Der Klassiker der Verhandlungstechnik. 23. Auflage, Campus-Verlag, Frankfurt am Main.

Förster, Anja; Kreuz, Peter (2015): Macht, was ihr liebt! Pantheon, München.

Gerber, Michael E. (2002): Das Geheimnis erfolgreicher Firmen. Warum die meisten kleinen und mittleren Unternehmen nicht funktionieren und was Sie dagegen tun können. ACCORD Unternehmensentwicklungsgesellschaft, Gänserndorf, Österreich.

Goleman, Daniel (2003): Emotionale Führung. 7. Auflage, Ullstein Verlag, Berlin.

Herzberg, Frederick; Mausner, Bernard; Snyderman, Barbara Bloch (1959): The Motivation to Work. 2. Auflage, Wiley, New York.

Herzberg, Frederick: One more time: how do you motivate employees? In: Harvard Business Review 46(1968)1.

Institut für Demoskopie Allensbach (2015): MC Donald's Ausbildungsstudie 2015. www.ifd-allensbach.de.

Kotter, J.P.; Rathgeber, Holger; (2011): Das Pinguin-Prinzip. Wie Veränderung zum Erfolg führt. Droemer HC, München.

Kotter, J.P. (1997): Chaos, Wandel, Führung. Leading Change. Econ-Verlag, Düsseldorf.

Kotter, J.P. (1996): Leading change. Harvard Business School Press, Boston, USA.

Kröber Kommunikation (2015): Seminar Systemischer Business Coach (SHB), Stuttgart.

Nöllke, Matthias (2015): Machtspiele. Die Kunst den eigenen Willen durchzusetzen. Haufe Lexware, Freiburg im Breisgau.

Oppelt, Siglinda (2011): Quantensprung im Business. Erfolgreich in die neue Zeit! Via Nova, Petersberg.

Pfläging, Nils (2014): Organisation für Komplexität. Wie Arbeit wieder lebendig wird – und Höchstleistung entsteht. Redline Verlag, München.

Pfläging, Niels; Herrmann, Silke (2015): Komplexithoden. Clevere Wege zur (Wieder) Belebung von Unternehmen und Arbeit in Komplexität. Redline, München.

Radatz, Sonja (2013): Beratung ohne Ratschlag. Systemisches Coaching für Führungskräfte und BeraterInnen. 8. Auflage, Verlag Systemisches Management, Wien, Österreich.

Segal, Lynn (1988): Das 18. Kamel oder Die Welt als Erfindung. Piper, Berlin.

Shazer, Steve de; Dolan, Yvonne (2015): Mehr als ein Wunder. Die Kunst der lösungsorientierten Kurzzeittherapie. Carl-Auer Verlag, Heidelberg.

Sliwka, Manfred (2006): Die Praxis der Unternehmens-Evolution. Wenn Unternehmer bei Charles Darwin in die Lehre gehen. Eigenverlag.

Sobanski, Dr. Holger (2016): Seminar Berater für Agile Organisationsentwicklung und Change Management. Stuttgart.

Strelecky, John (2012): Das Café am Rande der Welt. Eine Erzählung über den Sinn des Lebens. dtv, München.

Strelecky, John (2009): The Big Five for Life. Was wirklich zählt im Leben. dtv, München.

Stollreiter, Marc (2014): Act big! Das oscarverdächtige Programm für mehr Glück und Erfolg. campus, München.

Treichl, Hannes (2014): Meuterei des Denkens. Eigenverlag.

Trost, Sibylle (2015): Jugendarbeitslosigkeit – Genügend Geld ist da. In: DIE ZEIT Nr. 20 vom 13.5.2015. http://www.zeit.de/2015/20/jugendarbeitslosigkeit-europa-ausbildung-finanzkrise/komplettansicht, abgerufen am 29. Mai 2017.

Watzlawick, Paul (2007): Anleitung zum Unglücklichsein. Piper, München.

Wehrle, Martin (2017): Die 500 besten Coaching-Fragen. Das große Workbook für Einsteiger und Profis zur Entwicklung der eigenen Coaching-Fähigkeiten. managerSeminare Verlags GmbH, Bonn.

Zohar, Danah; Marshall, Ian (2010): IQ? EQ? SQ! Spirituelle Intelligenz – Das unentdeckte Potenzial. J. Kamphausen Mediengruppe, Bielefeld.

Change Fuck!

Ardeschyr Hagmaier
Change Fuck!
Wenn sich alles verändert und nichts verbessert
176 Seiten; 2017; 24,95 Euro
ISBN 978-3-86980-375-3; Art-Nr.: 1006

Change ist Dauerbrenner, Heilsbringer und Verderben zugleich. Ganz gleich ob Prozesse, Unternehmen oder der Mensch – alles soll sich zum noch Besseren wenden. Doch die Realität ist meist ernüchternd.

Aber warum stoßen Change-Projekte immer wieder auf Widerstand? Warum scheitern so viele Change-Projekte und bringen nicht den erhofften Erfolg? Warum verursacht Veränderung Ängste?

Antwort darauf gibt Hagmaiers neues Buch. »Change Fuck!« schreit es nur so heraus und bricht mit den bisherigen Vorstellungen über Change-Management. Denn entscheidend ist nicht die Veränderung um jeden Preis, sondern die beste Lösung: Chancen-Denken statt Change-Denken.

Dabei ist echte Veränderung – wenn sie denn notwendig ist – ganz einfach. Erstens: Es gibt keine Regeln – meistens. Zweitens: Verändere nichts, wenn es gut läuft. Drittens: Schaffe Neues, ohne das Alte zu zerstören. Viertens: Entwickle Gewohnheiten weiter – anstatt immer neue Gewohnheiten zu erlernen.

Viel mehr braucht es nicht!